职业院校智能制造专业规划教材

电 子 技 术

主 编 公茂金 蔡方方

副主编 刘 涛 王建成 王 蕾 殷国文

参 编 李 翔 刘 诚 陈子浩 杜吉生 李 亭 尤 毅
张学兰 王 珂 纪少波 吴淑秀 高 斌

U0331499

机械工业出版社

CHINA MACHINE PRESS

本书理论知识与技能相结合，主要内容包括常用半导体材料、基本放大电路与集成运算放大电路、直流稳压电源、数字电路基础、组合逻辑电路和时序逻辑电路。

本书可作为职业院校智能制造专业的教材，也可供电类相关专业师生选用，还可作为广大技术人员的自学用书。

图书在版编目（CIP）数据

电子技术 / 公茂金，蔡方方主编 . —北京：机械工业出版社，2019.8
职业院校智能制造专业规划教材
ISBN 978-7-111-62970-2

Ⅰ. ①电… Ⅱ. ①公… ②蔡… Ⅲ. ①电子技术 – 高等职业教育 – 教材 Ⅳ. ① TN

中国版本图书馆 CIP 数据核字（2019）第 153182 号

机械工业出版社（北京市百万庄大街 22 号 邮政编码 100037）
策划编辑：陈玉芝 责任编辑：陈玉芝
责任校对：樊钟英 封面设计：张 静
责任印制：张 博
北京铭成印刷有限公司印刷
2019 年 9 月第 1 版第 1 次印刷
184mm×260mm · 8.75 印张 · 214 千字
0 001—3 000 册
标准书号：ISBN 978-7-111-62970-2
定价：39.90 元

电话服务   网络服务
客服电话：010-88361066   机 工 官 网：www.cmpbook.com
　　　　　010-88379833   机 工 官 博：weibo.com/cmp1952
　　　　　010-68326294   金 书 网：www.golden-book.com
封底无防伪标均为盗版   机工教育服务网：www.cmpedu.com

前　言

电子技术是 19 世纪末到 20 世纪初发展起来的新兴技术，近些年来电子技术的发展更是日新月异，深刻影响着人们的生产生活，发挥着越来越重要的作用。与此同时，在职业院校的电子技术实际教学中，存在着过于偏重理论知识，学生难于理解等问题。为了更好地适应职业院校的实际情况，满足职业院校的教学需求，我们特组织相关专业教师充分利用一体化教学改革成果，编写了本教材。

本教材有以下几个特点。

1. 针对职业院校实际情况，定位精确

针对职业院校学生的实际情况，对教材的难度和深度进行了优化，删减了部分难度偏大的理论知识，增加了部分富有趣味性的基础知识，降低了学生的学习难度，提高了学生的学习兴趣。

2. 采用先进教学理念，紧贴一体化教学改革

本教材采用任务驱动的一体化教学模式，紧贴一体化教学改革，既能照顾到传统电子理论知识的讲授，又能使学生通过实际操作将学到的理论知识融会贯通。每个任务后都附有评价表，做到学习之后立即评价并反馈。

3. 反映科技发展，紧跟时代脚步

根据电子领域技术最新的发展状况，淘汰了部分过时的内容，充实反映时代科技发展的新内容。同时，本教材以国家职业技能标准为依据，体系结构合理，知识点覆盖全面。

本教材由山东交通技师学院公茂金、蔡方方任主编，王建成、王蕾、殷国文任副主编，参加编写的有李翔、刘诚、陈子浩、杜吉生、张学兰、王珂和纪少波。同时，在教材编写过程中还得到了部分兄弟院校和企业的大力协助，在此一并表示感谢！

由于编者水平有限，教材中缺点和不足之处在所难免，欢迎广大师生提出宝贵的意见和建议。

编　者

目 录 Contents

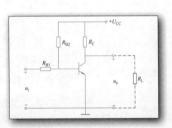
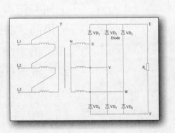
目录 Contents

单元 4　数字电路基础
Unit 4

单元 5　组合逻辑电路
Unit 5

单元 6　时序逻辑电路
Unit 6

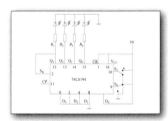

常用半导体材料

1

学习指南

半导体材料（Semiconductor Material）是一类具有半导体性能（导电能力介于导体与绝缘体之间，室温时电阻率在 $1M\Omega \cdot cm \sim 1G\Omega \cdot cm$ 范围内）、可用来制作半导体器件和集成电路的电子材料。常见的半导体材料有硅（Si）、锗（Ge），以及化合物半导体如砷化镓（Gaas）等；掺杂或制成其他化合物半导体材料，如硼（B）、磷（P）、铟（In）和锑（Sb）等。用半导体材料制成的半导体器件是 20 世纪中叶发展起来的新型电子器件。它由于具有体积小、质量轻、工作可靠、使用寿命长、耗电量小等优点，因而在电子技术中得到广泛应用。

本单元介绍与半导体器件有关的基础知识。

任务1-1 认识半导体器件

学习目标

知识目标：

（1）了解半导体的基本知识。

（2）了解本征半导体、P 型半导体和 N 型半导体的特征。

（3）了解 PN 结的形成过程。

能力目标：

能够辨别哪些电子元器件属于半导体器件。

重点难点：

（1）半导体材料的特性。

（2）本征半导体和杂质半导体。

👉 学习引导

现实生活中，随便打开一个电子产品的外壳，大部分显现出的都是密密麻麻的电子元器件分布在电路板（见图1-1）上。只有电子元器件的组合使用才能实现需要的电路功能。那么，在电路中都有哪些常用的电子元器件呢？其中哪些又属于半导体器件呢？

图1-1　电路板

在图1-1中，可以看到很多电子元器件，其中有电阻器、电容器、电感器、二极管、晶体管等，在它们中部分元器件属于半导体器件，可见半导体在实际生产生活中的应用十分广泛。常用电子元器件的外形如图1-2所示。

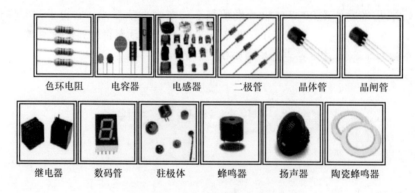

| 色环电阻 | 电容器 | 电感器 | 二极管 | 晶体管 | 晶闸管 |
| 继电器 | 数码管 | 驻极体 | 蜂鸣器 | 扬声器 | 陶瓷蜂鸣器 |

图1-2　常用电子元器件的外形

📖 必备知识

在自然界中，存在着许多不同的物质，有的物质很容易传导电流，称为导体。有的物质几乎不传导电流，称为绝缘体。此外还有一类物质，它的导电能力介于导体与绝缘体之间，称它为半导体。常见的半导体如锗、硅、砷化镓、硫化物和氧化物等。物质按导电能力的不同可分为导体、半导体和绝缘体三大类。金属导体的电导率一般在 10^5 S/cm 量级；塑料、云母等绝缘体的电导率通常是 $10^{-22} \sim 10^{-14}$ S/cm 量级；半导体的电导率则在 $10^{-9} \sim 10^2$ S/cm 量级。

1. 半导体的独特性能

半导体除了在导电能力方面与导体和绝缘体不同外，还具有不同于其他物质的特点。例如，半导体受到外界光和热的刺激时或者在纯净的半导体中加入微量的杂质，其导电性能会发生显著变化。其中，半导体的电阻率随温度的上升而明显下降，呈负温度系数的特性；半导体的导电能力随温度上升而明显增加；半导体的电阻率随光照的不同而变化；在纯净的半导体中掺入少量的杂质，它的导电能力会得到显著提高。

半导体的导电能力虽然介于导体和绝缘体之间，但半导体的应用却极其广泛，这是由半导体的独特性能决定的。半导体材料的独特性能是由其内部的导电机理决定的。

☀ 光敏性——半导体受光照后，其导电能力大大增强。

🎐 热敏性——受温度的影响，半导体的导电能力变化很大。

💧 掺杂性——在半导体中掺入少量特殊杂质，其导电能力极大地增强。

2. 本征半导体和杂质半导体

（1）本征半导体　最常用的半导体为硅（Si）和锗（Ge）。它们的共同特征是四价元素，即每个原子最外层电子数为 4 个。硅原子和锗原子的简化模型如图 1-3 和图 1-4 所示。

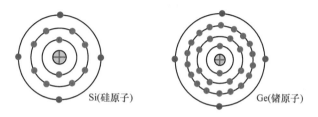

Si(硅原子)　　　Ge(锗原子)

图 1-3　硅原子和锗原子的简化模型（1）

因为原子呈电中性，所以简化模型图中的原子核只用带圈的+4符号表示即可

图 1-4　硅原子和锗原子的简化模型（2）

天然的硅和锗是不能制作成半导体器件的。它们必须先经过高度提纯，形成晶格结构完全对称的本征半导体。本征半导体原子核最外层的价电子都是 4 个，称为四价元素，它们排列成非常整齐的晶格结构。在本征半导体的晶格结构中，每个原子均与相邻的 4 个原子结合，即与相邻 4 个原子的价电子两两组成电子对，构成共价键结构，如图 1-5 所示。

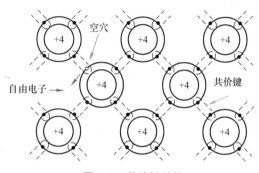

空穴　自由电子　共价键

图 1-5　共价键结构

半导体共价键中的价电子并不像绝缘体中的电子被束缚得那么紧，在300K时，由于热激发，一些价电子会获得足够的能量挣脱共价键的束缚，成为自由电子。这种现象称为本征激发。在电子挣脱共价键的束缚成为自由电子后，共价键就留下一个空位，这个空位叫作空穴。显然，空穴带有正电荷。当温度越高时，电子空穴就越多。电子空穴的热运动是杂乱无章的，对外不显电性。

图1-6所示为晶体中原子的排列方式和硅单晶中的共价键结构，共价键中的两个电子称为价电子。

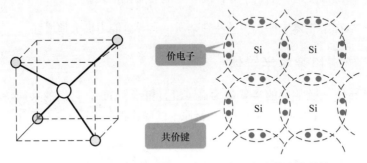

图1-6　晶体中原子的排列方式和硅单晶中的共价键结构

本征半导体的导电机理是：当半导体两端加上外电压时，在半导体中将出现以下两部分电流。

1）自由电子做定向运动，即形成电子电流。

2）价电子递补空穴，即形成空穴电流。

自由电子和空穴都称为载流子。自由电子和空穴成对产生的同时，又不断复合。在一定温度下，载流子的产生和复合达到动态平衡，半导体中载流子便维持一定的数目。

（2）杂质半导体　本征半导体虽然有自由电子和空穴两种载流子，但由于数量极少，导电能力仍然很低。如果在其中掺入某种元素的微量杂质，将使掺杂后的杂质半导体的导电性能大大增强。

在室温情况下，本征硅中的磷杂质等于10^{-6}数量级时，电子载流子的数目将增加几十万倍。掺入五价元素的杂质半导体由于自由电子多而称为电子型半导体，也叫作N型半导体，如图1-7所示。

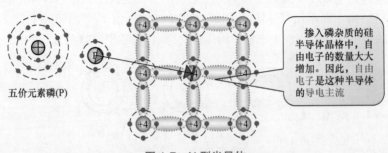

五价元素磷(P)

掺入磷杂质的硅半导体晶格中，自由电子的数量大大增加。因此，自由电子是这种半导体的导电主流

图1-7　N型半导体

一般情况下，杂质半导体中的多数载流子的数量可达到少数载流子数量的10^{10}倍或更多，因此，杂质半导体比本征半导体的导电能力可增强几十万倍。掺入三价元素的杂质半导体，由于空穴载流子的数量远大于自由电子载流子的数量而称为空穴型半导体，也叫作P型半导体，

如图 1-8 所示。在 P 型半导体中，多数载流子是空穴，少数载流子是自由电子，而不能移动的离子带负电。

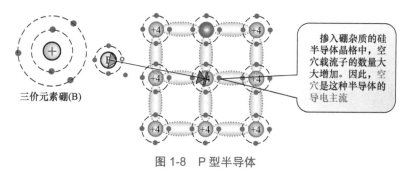

三价元素硼(B)

掺入硼杂质的硅半导体晶格中，空穴载流子的数量大大增加。因此，空穴是这种半导体的导电主流

图 1-8　P 型半导体

　　不论是 N 型半导体还是 P 型半导体，其中的多数载流子和少数载流子的移动都能形成电流。但是，由于多数载流子的数量远大于少数载流子的数量，因此起主要导电作用的是多数载流子。一般可近似认为多数载流子的数量与杂质的浓度相等。

　　（3）PN 结及其单向导电性　当 P 型半导体和 N 型半导体接触后，在交界面处由于载流子的扩散运动，P 区的空穴向 N 区扩散，N 区的电子向 P 区扩散，在 P 区和 N 区的接触面上就产生了正、负离子层。N 区一侧失去自由电子剩下正离子，P 区一侧失去空穴剩下负离子，这个区域称为空间电荷区，即 PN 结。同时，形成一个由 N 区指向 P 区的内电场，内电场对扩散运动起阻碍作用，电子和空穴的扩散运动随着内电场的增强而逐渐减弱，最后达到动态平衡，如图 1-9 所示。

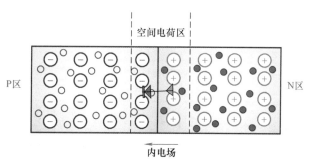

空间电荷区

P区　　　　　　　　　　　　　　　　　　　　　　　N区

内电场

图 1-9　PN 结的形成

　　PN 结在使用时总是加一定的电压，若 PN 结外加正向电压（P 区的电位高于 N 区的电位），称为正向偏置，简称正偏。这时 PN 结外电场与内电场方向相反，PN 结变窄，则 P 区的多数载流子空穴和 N 区的多数载流子自由电子在回路中形成较大的正向电流 I_F，使 PN 结正向导通。这时 PN 结呈低电阻状态。

　　若 PN 结外加反向电压（P 区的电位低于 N 区的电位），称为反向偏置，简称反偏。这时外加电场与内电场方向相同，使内电场增强，PN 结变厚，多数载流子的运动难以进行，而 P 区的少数载流子自由电子和 N 区的少数载流子空穴在回路中形成极小的反向电流 I_R，称 PN 结反向截止。这时 PN 结呈高阻状态。

　　由此可知，PN 结正向偏置时，呈导通状态；反向偏置时，呈截止状态。这就是 PN 结的单向导电性。另外，在室温下，少数载流子形成的反向电流虽然很小，但它随温度的上升而明显增加，使用时要特别注意。

图 1-10 所示为 PN 结的单向导电性，其中图 1-10a 所示为加正向电压时导通，图 1-10b 所示为加反向电压时截止。

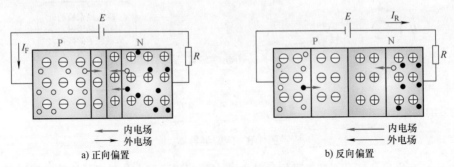

　　a) 正向偏置　　　　　　　　　　　　　　b) 反向偏置

图 1-10　PN 结的单向导电性

PN 结的上述"正向导通，反向阻断"作用，说明它具有单向导电性。PN 结的单向导电性是它构成半导体器件的基础。

❓ 想一想

　　1. 自由电子导电和空穴导电的区别在哪里？空穴载流子的形成是否由自由电子填补空穴的运动形成的？

　　2. 何谓杂质半导体中的多数载流子和少数载流子？N 型半导体中的多数载流子是什么？少数载流子是什么？

　　3. P 型半导体中的空穴多于自由电子是否意味着带正电？

✍ 学习评价

评价项目	评价内容	评价标准			评价方式			备注
		优（20分）	良（15分）	一般（10分）	自评	互评	师评	
学习态度	1. 学习目标明确，重视学习过程的反思，积极优化学习方法 2. 逐步形成浓厚的学习兴趣 3. 保质保量按时完成作业 4. 重视自主探索、自主学习，拓展视野	积极、热情、主动	积极、热情但欠主动	态度一般				
学习方式	1. 学生个体的自主学习能力强，会倾听、思考、表达和质疑 2. 学生普遍有浓厚的学习兴趣，在学习过程中参与度高 3. 学生之间能采取合作学习的方式，并在合作中分工明确地进行有序和有效的探究	自主学习能力强，会倾听、思考、表达和质疑	自主学习能力较强，会倾听、思考、表达	自主学习能力一般，会倾听				

（续）

评价项目	评价内容	评价标准			评价方式			备注
		优（20分）	良（15分）	一般（10分）	自评	互评	师评	
合作意识	1. 积极参加合作学习，勇于接受任务、敢于承担责任 2. 加强小组合作，取长补短，共同提高 3. 乐于助人，积极帮助学习有困难的同学 4. 公平、公正地进行自评和互评	合作意识强，组织能力好，与别人互相提高	能与他人合作，并积极帮助有困难的学生	有合作意识，但总结能力不强				
探究活动	1. 积极尝试、体验研究的过程 2. 逐步形成严谨的科学态度、不怕困难的科学精神 3. 善于观察分析，提出有意义的问题	理解深刻	理解较浅	理解模糊				
知识应用	自觉养成应用所学知识解决实际问题的意识，增强综合应用能力	能很灵活地运用知识解决问题	较灵活地运用知识解决问题	应用知识技能一般				
其他附加	情感、态度、价值观的转变	学习态度、认知水平有很大提高	学习态度、认知水平有较大提高	学习态度、认知水平有些提高				

任务1-2　二极管的识别与检测

学习目标

知识目标：

（1）认识二极管的特性及作用。

（2）知晓常用的二极管型号。

能力目标：

（1）能够使用万用表测量二极管参数。

（2）能够认识二极管的分类、封装外形、电路符号。

✎ 任务描述

在日常生活中，半导体二极管广泛存在于我们身边。二极管的种类和用途繁多，如图 1-11 所示。如果让我们去采购二极管，怎样才能识别出它们呢？怎么才能正确检测二极管质量的优劣呢？

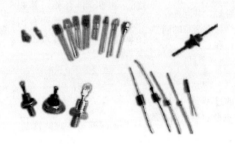

图 1-11　常见二极管

✔ 任务分析

本任务是对半导体二极管进行识别和检测，这就要求我们掌握二极管的种类、型号、外观、功能及用途等，还要求我们能够正确选用电工工具对二极管进行识别和检测。

📖 必备知识

1. 二极管的特性及作用

（1）二极管的特性　单向导电性（电路中，电流只能从二极管正极流入、负极流出）。

（2）常用作用　整流作用，特殊二极管有特殊作用，如稳压二极管起稳压作用、光电二极管起开关作用等。

2. 二极管的分类及电路符号

（1）二极管的分类

1）按材料分类，二极管可以分为硅（Si）二极管、锗（Ge）二极管、砷化镓（GaAs）二极管，如图 1-12 所示。

硅二极管　　　　　　锗二极管　　　　　　砷化镓二极管

图 1-12　按材料分类

2）按内部 PN 结结构分类，二极管可以分为点接触型二极管、面接触型二极管、平面型二极管，如图 1-13 所示。

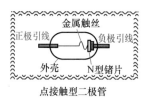

图 1-13 按内部 PN 结结构分类

3）按二极管的用途分类，二极管可以分为整流二极管、检波二极管、变容二极管、稳压二极管、开关二极管和发光二极管。

（2）二极管的电路符号 二极管的电路符号如图 1-14 所示。

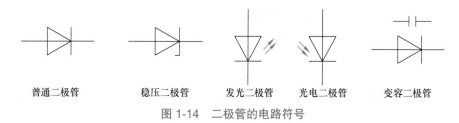

图 1-14 二极管的电路符号

任务实施

1. 常见二极管的外形与极性判断（见图 1-15）

图 1-15 常见二极管的外形与极性判断

!注意 ①金属封装的看上面标志的二极管符号；②硅管、锗管看"圆圈"，有圆圈的一端为负极；③发光二极管看引脚长短，短的为负极。

2. 二极管的正反偏电阻测量

MF47 型指针式万用表黑表笔接内部电池的正极，红表笔接内部电池的负极，如图 1-16 所示。方法与步骤如下。

（1）测正向电阻

1）选择 $R \times 100\Omega$ 挡位，表笔短接校零。

2）黑色表笔接二极管正极，红色表笔接二极管负极。

3）读出电阻刻度盘数据后乘以 100，得出正向电阻。

（2）测反向电阻

1）选择 $R \times 100\Omega$ 挡位，表笔短接校零。

2）红色表笔接二极管正极，黑色表笔接二极管负极。

3）读出电阻刻度盘数据后乘以 100，得出反向电阻。

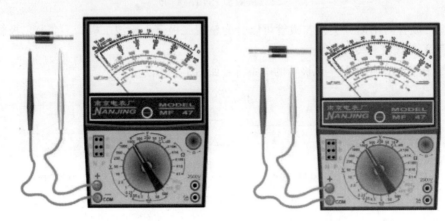

图 1-16　二极管的正、反偏电阻测量

✍ 任务总结与评价

项目：		班级			
工作任务：		姓名		学号	
任务过程评价（100 分）					
序号	项目及技术要求	评分标准		分值	成绩
1	小组合作执行力	分工合理，全员参与，1 人不积极参与扣 5 分		10	
2	根据单向导电性得出检测标准	得出检测标准，每个问题错误扣 3 分		15	
3	从外形上识别二极管的正负极	正确判断出二极管的极性，错一个扣 2 分		15	
4	用万用表测量二极管的阻值	读数时视线不水平扣 5 分；挡位错扣 5 分；手势错扣 5 分；未进行欧姆调零扣 5 分		15	
5	测量正、反向阻值	阻值误差较大的扣 5 分		15	
6	分析质量；总结操作注意事项	观点明确，讲解正确，语言流畅		15	
7	挡位选择合适；结束测量后，万用表置于 OFF 挡	挡位选错扣 5 分；结束后未置于 OFF 挡扣 5 分		15	
总评		得分			
		教师签字：		年　月　日	

任务 1-3　晶体管的识别与检测

学习目标

知识目标：

（1）认识晶体管的特性及作用。

（2）认识晶体管的分类、封装外形、电路符号。

（3）了解晶体管的 3 个工作区域以及开关作用。

能力目标：

（1）常见封装形式的晶体管的极性判断。

（2）使用万用表测量晶体管并熟记测量步骤。

任务描述

在我们生活中，经常会用到扩音器，它实现了输入声音的放大并输出。图 1-17 所示为扩音器的示意图。

图 1-17　扩音器的示意图

其中，话筒将声音信号转换为电信号，经放大电路放大后，变成大功率的电信号，推动扬声器，再将其还原为声音信号。扩音器是利用哪些电子元器件实现这个功能的呢？

任务分析

放大电路又称为放大器，是指能把微弱的电信号转换为较强电信号的电子电路。放大器的核心器件（即放大器件）是半导体晶体管。

下面就来学习晶体管的基础知识。

必备知识

1. 晶体管的基本特性和作用

晶体管的基本特性是在一定的条件下集电极电流和基极电流成正比例，因此可以用很小的基极电流控制较大的集电极电流，这样就起到电流放大作用。

晶体管的基本用途非常广泛，这里主要介绍晶体管的电流放大和开关作用。

2. 晶体管的分类、封装外形及电路符号

（1）晶体管的分类

1）按内部结构分类，晶体管可分为 NPN 型晶体管和 PNP 型晶体管。

2）按构成材料分类，晶体管可分为锗晶体管和硅晶体管。

3）按封装形式分类，晶体管可分为贴片晶体管、小型塑封晶体管、大型塑封晶体管、金属封装晶体管。

（2）晶体管的封装外形　如图 1-18 所示。

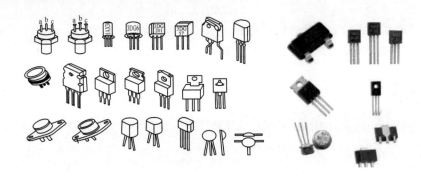

图 1-18　晶体管的封装外形

（3）晶体管的电路符号　如图 1-19 所示。

图 1-19　晶体管的电路符号

3. 晶体管的工作区域及开关作用

（1）晶体管的 3 个工作区域　晶体管的 3 个工作区域分为截止区、放大区、饱和区，如图 1-20 所示。截止区：晶体管 CE 间 PN 结处于截止状态，此时晶体管不导通。放大区：$I_C \approx \beta I_B$，β 为晶体管的放大倍率。饱和区：I_C 电流达到饱和状态，此时电流不再随 I_B 的变化而变化。

（2）晶体管的开关作用　普通晶体管当开关使用的时候，基极电流保持在截止区和饱和区切换，使晶体管的 C 和 E 极电流工作在截止状态和饱和状态，晶体管起开关作用。例如，常见的 9013、9014、8550、8050 型等晶体管，在 5V 工作电压下，都可以在基极串联 1kΩ 的电阻实现开关作用，如图 1-21 所示。

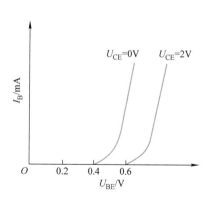

图 1-20 晶体管的 3 个工作区域

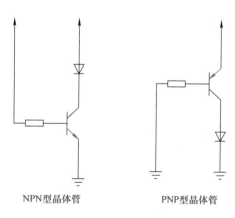

图 1-21 晶体管实现开关作用

 任务实施

1. 晶体管基极的判别

如图 1-22 所示，将万用表置于 $R \times 1k\Omega$ 挡，用黑表笔接晶体管的任意一极，再用红表笔分别去接触另外两个电极，测其正、反向电阻，直到出现测得的两个电阻都很大（在测量过程中，如果出现一个阻值很大，另一个阻值很小，此时就需将黑表笔换一个电极再测），此时黑表笔所接电极就是晶体管的基极，而且为 PNP 型晶体管。当测得的两个阻值都很小时，黑表笔所接就为基极，而且为 NPN 型晶体管。

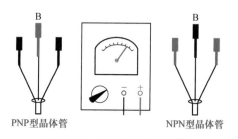

图 1-22 晶体管基极的判别

2. PNP 型和 NPN 型晶体管另外两个极的判断

集电极、发射极的判别如图 1-23 所示，对锗材料的 PNP 型、NPN 型待测晶体管，可先用上述方法确定管子的基极，然后置万用表为 $R \times 1k\Omega$ 挡，再测剩余两个电极的阻值，对调表笔各测一次，在阻值较小的一次测量中，对 PNP 型晶体管，红表笔所接为集电极，黑表笔所接为发射极；对于 NPN 型晶体管，红表笔所接为发射极，黑表笔所接为集电极。

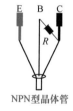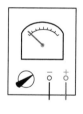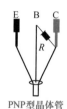

图 1-23 PNP 型和 NPN 型晶体管
另外两个极的判断

？ 想一想

1. 晶体管的集电极和发射极可以互换吗？

2. 晶体管外壳上有没有特殊标志可以判断它的管脚电极？如果有，能不能简单地依靠这个特殊标志判断它的管脚电极？

任务总结与评价

项目：		班级			
工作任务：		姓名		学号	
任务过程评价（100分）					
序号	项目及技术要求	评分标准		分值	成绩
1	小组合作执行力	分工合理，全员参与，1人不积极参与扣5分		25	
2	极性判别	选挡位正确，读数正确，极性判别正确		15	
3	性能好坏的判别	材料类型、开路还是短路判别正确		15	
4	在路测量电压	正常 / 偏高 / 偏低		15	
5	分析质量；总结操作注意事项	观点明确，讲解正确，语言流畅		15	
6	挡位选择合适；结束测量后，万用表置于 OFF 挡	挡位选错扣5分；结束后未置于 OFF 挡扣5分		15	
总评		得分			
		教师签字：		年　月　日	

任务1-4 常见晶闸管的识别

学习目标

知识目标：

（1）认识晶闸管的作用。

（2）熟悉晶闸管的工作原理。

能力目标：

（1）认识晶闸管的结构和电路符号。

（2）认识常见晶闸管的实物形状。

任务描述

图1-24和图1-25分别为调光开关和可调温度的电烤箱，它们是通过什么途径实现亮度和温度调控的？用到了哪些电子元器件？

图 1-24 调光开关

图 1-25 可调温度的电烤箱

✔ 任务分析

普通晶闸管最基本的用途就是可控整流。大家熟悉的二极管整流电路属于不可控整流电路。如果把二极管换成晶闸管，就可以构成可控整流、逆变、电机调速、电机励磁、无触点开关及自动控制等电路。本任务就对电子技术中常用的晶闸管进行学习。

📖 必备知识

1. 单向晶闸管

（1）外形 单向晶闸管的外形如图 1-26 所示。

图 1-26 单向晶闸管的外形

（2）结构与符号 单向晶闸管由 3 个 PN 结及其划分的 4 个区组成，如图 1-27 所示。由外层的 P 型和 N 型半导体分别引出阳极 A 和阴极 K，由中间的 P 型半导体引出门极 G。文字符号用"V"表示。

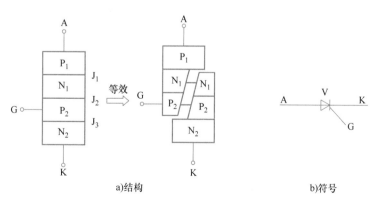

a)结构   b)符号

图 1-27 单向晶闸管的结构与符号

（3）工作特性

1）单向晶闸管的导通必须具备以下两个条件。

① 在阳极（A）与阴极（K）之间必须为正向电压（或正向偏压），即 $U_{AK} > 0$。

② 在门极（G）与阴极（K）之间也应有正向触发电压，即 $U_{GK} > 0$。

2）晶闸管导通后，门极（G）将失去作用，即当 $U_{GK} = 0$ 时晶闸管仍然导通。

3）单向晶闸管要关断时必须满足：使其导通（工作）电流小于晶闸管的维持电流值，或在阳极（A）与阴极（K）之间加上反向电压（反向偏压），即 $I_V < I_H$ 或 $U_{AK} < 0$。

2. 双向晶闸管

（1）外形　双向晶闸管的外形如图 1-28 所示。

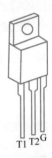

图 1-28　双向晶闸管的外形

（2）结构与符号　双向晶闸管的结构与符号如图 1-29 所示。它是一个 NPNPN 五层结构的半导体器件，其功能相当于一对反向并联的单向晶闸管，电流可以从两个方向通过。所引出的 3 个电极分别为第一阳极 T_1、第二阳极 T_2 和门极 G。

（3）工作特性

1）双向晶闸管导通必须具备的条件是：只要在门极（G）加有正向或负向触发电压（即 $U_G > 0$ 或 $U_G \leqslant 0$），则不论第一阳极（T_1）与第二阳极（T_2）之间加正向电压还是反向电压，晶闸管都能导通。

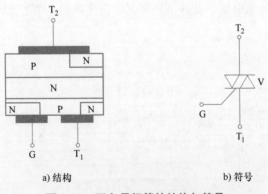

a) 结构　　　　　　　　b) 符号

图 1-29　双向晶闸管的结构与符号

2）晶闸管导通后，门极（G）将失去作用，即当 $U_G = 0$ 时晶闸管仍然导通。

3）只要使其导通（工作）电流小于晶闸管的维持电流值，或第一阳极（T_1）与第二阳极

（T_2）间外加的电压过零时，双向晶闸管都将关断。

3. 单结晶体管

（1）外形 单结晶体管的外形如图 1-30 所示。

（2）结构与符号 单结晶体管的结构如图 1-31 所示。它是在一块高电阻率的 N 型硅基片上用镀金陶瓷片制作成两个接触电阻很小的极，作为第一基极 B_1 和第二基极 B_2，在硅基片的另一侧靠近 B_2 处掺入 P 型杂质，从而形成 PN 结，并引出电极作为发射极 e。其等效电路由第一

图 1-30 单结晶体管的外形

基极 B_1 和第二基极 B_2 之间的电阻 R_{BB}（$R_{BB}=R_{B1}+R_{B2}$）、发射极 E 与两基极之间的 PN 结（即二极管 VD）所组成，如图 1-31b 所示。单结晶体管的图形符号如图 1-31c 所示，文字符号也用"VT"表示。

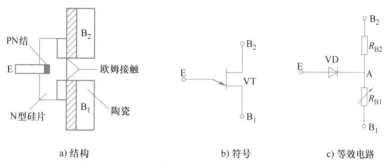

a) 结构　　　　　　　　b) 符号　　　　　　　　c) 等效电路

图 1-31 单结晶体管的结构、符号及等效电路

（3）工作特性

1）单结晶体管的 E 极与 B_1 极之间的电阻 R_{EB_1} 随发射极电流 I_E 而变化。当 I_E 上升时，R_{EB_1} 就会下降。单结晶体管的 E 极与 B_2 极之间的电阻 R_{EB_2} 与发射极电流 I_E 无关。

2）单结晶体管的导通条件为：在 E 极与 B_1 极之间应为正向电压（即 $U_{EB_1} > 0$），且在 B_2 极与 B_1 极之间也应为正向电压（即 $U_{B_2B_1} >> 0$）。

3）特性。当 U_{EB_1} 较低时，单结晶体管 VT 是截止的；但当 U_{EB_1} 上升至某一数值时，I_E 会加大，而 R_{EB_1} 迅速下降，即单结晶体管迅速导通，相当于开关闭合。因此，只要改变 U_{EB_1} 的大小，就可控制单结晶体管迅速导通或截止。

☝ 任务实施

1. 单向晶闸管的认识和检测

选用万用表的电阻 $R \times 100\Omega$ 挡；用黑表笔固定接一管脚，红表笔分别接其余两个管脚。测读出一组电阻值；不断变换；若其中只有一次测得的电阻值为较小时，黑表笔所接的管脚为门极 G，红表笔所接的管脚为阴极 K，剩余一管脚为阳极 A，如图 1-32 所示。

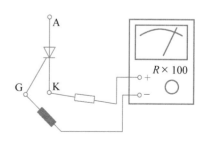

图 1-32 单向晶闸管的检测

选用万用表的电阻 $R \times 1k\Omega$ 挡；测量 G 极与 A 极之间、A 极与 K 极之间的正反向电阻均应为无穷大。若 G 极与 A 极之间、A 极与 K 极之间的正反向电阻都很小，说明单向晶闸管内部击穿。

选用万用表的电阻 $R \times 100\Omega$ 挡，将黑表笔接 A 极，红表笔接 K 极；再将 G 极与黑表笔（或 A 极）瞬间相碰触一下，单向晶闸管应出现导通状态，即万用表指针向右偏转，并应能维持导通状态。

2. 双向晶闸管的认识和检测

（1）T_2 极的确定　选用万用表的电阻 $R \times 1\Omega$ 挡或 $R \times 10\Omega$ 挡；用一表笔固定接一管脚，另一表笔分别接其余两个管脚。测读出一组电阻值，不断变换；因第二阳极 T_2 与门极 G 极之间、第二阳极 T_2 与第一阳极 T_1 之间的电阻均为无穷大，所以，当测出某管脚与其余两管脚的阻值为无穷大时，则表笔固定所接的管脚为第二阳极 T_2，如图 1-33 所示。带有散热板的双向晶闸管，T_2 极往往与散热板相连接。

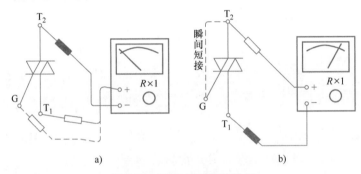

图 1-33　双向晶闸管的检测

（2）其余两极的确定　将黑表笔接假设的 T_1 极，红表笔接已确定的 T_2 极。在红表笔不断开与 T_2 极连接的情况下，将 T_2 极（或红表笔）与假设的 G 极瞬间相碰触一下，双向晶闸管应出现导通状态，即万用表指针向右偏转，并能维持导通状态，则上述假设的两极正确，如图 1-33b 所示。若不出现上述现象，可改变两极的连接表笔再测。

（3）双向晶闸管的检测

1）选用万用表的电阻 $R \times 1\Omega$ 挡或 $R \times 10\Omega$ 挡；将黑表笔接 T_1 极，红表笔接 T_2 极；在红表笔不断开与 T_2 极连接的情况下，将 T_2 极（或红表笔）与 G 极瞬间相碰触一下，万用表指针应向右偏转，并能维持导通状态，如图 1-34 所示，说明晶闸管已经导通，导通方向为 $T_1 \rightarrow T_2$。

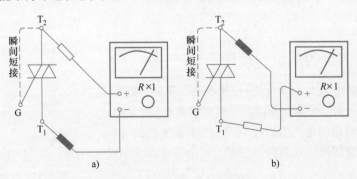

图 1-34　双向晶闸管的检测

2）将黑表笔接 T_2 极，红表笔接 T_1 极，在黑表笔不断开与 T_2 极连接的情况下，将 T_2 极（或黑表笔）与 G 极瞬间相碰触一下，万用表指针应再次向右偏转，并能维持导通状态，如图 1-34b 所示，说明晶闸管已经再次导通，导通方向为 $T_2 \rightarrow T_1$。

上述分析表明，双向晶闸管具有双向触发特性。若不能实现上述现象或不管使用何种方法测量都不能使晶闸管触发导通，说明晶闸管已损坏。

3. 单结晶体管的认识和检测

（1）E 极的确定　选用万用表电阻 $R \times 100\Omega$ 挡，用黑表笔固定接一管脚，红表笔分别接其余两个管脚，测读其一组电阻值；不断变换；若测得其中一组电阻值均为较小，则黑表笔所接的管脚为 E 极。

（2）B_1 和 B_2 极的判别　用黑表笔固定接 E 极，红表笔分别接其余两个管脚，测读其电阻；比较两次测得的电阻值，电阻值较大的一次，红表笔接的为 B_1 极，剩余一管脚为 B_2 极。

通常，金属类的单结晶体管的金属外壳为 B_2 极。

◉ 小知识窗

晶闸管属于硅器件，硅器件的普遍特性是过载能力差，因此在使用过程中经常会发生烧坏晶闸管（见图 1-35）的现象。

晶闸管烧坏一般都是因为温度过高造成的，而温度是由晶闸管的电特性、热特性、结构特性决定的。在晶闸管烧坏时，若阴极表面或芯片边缘有一个烧损的小黑点，则说明是由电压引起的。由电压引起

图 1-35　晶闸管烧坏

烧坏晶闸管的原因有两种可能：一是晶闸管电压失效，就是常说的降伏，电压失效分为早期失效、中期失效和晚期失效；二是线路问题，线路中产生了过电压，且对晶闸管所采取的保护措施失效。电流烧坏晶闸管通常是阴极表面有较大的烧损痕迹，甚至将芯片、管壳等金属大面积熔化。无论什么原因损坏，都会在晶闸管上留下痕迹，这种痕迹大多是烧坏的黑色痕迹，而黑色痕迹就是金属熔化的痕迹，就是说烧坏晶闸管的最根本原因是将晶闸管芯片熔化，有的是大面积熔化，有的是小面积熔化。我们知道，单晶硅的熔点是 1450 ~ 1550℃，只有超过这个温度才有可能熔化，这么高的温度是怎么产生的呢？瞬时产生的高电压、大电流是不会将芯片烧坏的，除非是高电压、大电流、长时间才会如此，但这种情况是不可能出现的，因为晶闸管一经烧毁设备立即就会出现故障，而立即停机，时间并不会很长，因此烧坏晶闸管芯片的高温绝不是电流、电压、时间三者的乘积产生的。那么到底是怎么产生的呢？

其实无论晶闸管的哪个参数造成其烧坏，最终的结果都可以归纳为电压击穿，就是说晶闸管烧坏的最终原因都是由电压击穿造成的，其表面的烧损痕迹也是由电压击穿所引起的，这点在晶闸管的应用中也能够证明：在用万用表测试烧坏的晶闸管时，发现其阴极、阳极电阻都非常小，说明其内部短路，而到目前为止基本没发现有阴极、阳极开路的现象，因为芯片是由不同金属构成的，不同金属的熔点是不一样的，总会有先熔化和后熔化之分。一般情况下应该是

铝垫片或银垫片先熔化，然后才是硅片和钼片，而铝垫片或银垫片并不会小面积熔化。在铝垫片或银垫片熔化后有可能产生隔离层使阴极和阳极开路，也有可能铝垫片或银垫片高温熔化后与硅片的接合部有材质发生变化，产生绝缘物质，从而造成阴极、阳极开路的现象。那么电压击穿与晶闸管表面烧损的痕迹（小黑点或大面积熔化）有什么关系呢？

① 由于晶闸管的电压参数下降或线路产生的过电压超过其额定值造成其绝缘强度相对降低，因此发生启弧放电现象，而弧光的温度是非常高的，远大于芯片各金属的熔点，因此烧毁晶闸管。又由于芯片外圆边缘、芯片阴极与阳极表面之间的绝缘电压强度不是完全一致的，只有在相对绝缘电压较低的那点启弧放电，因此电压击穿表现为在芯片阴极表面或芯片的边缘有一小黑点。

② 由于晶闸管的电流、du/dt、漏电、关断时间、压降等参数下降或线路的原因造成其芯片温度过高，超过结温，造成硅片内部发生变化，引起其绝缘电压降低，因此发生启弧放电现象，弧光产生的高温将垫片、硅片、钼片熔化、烧毁，同时也会将外壳与芯片相连的金属熔化。由于芯片温度过高需要较长的时间，是慢慢积累起来的，因此超温的面积是较大的，烧损的面积也是较大的。

③ 由于 di/dt、开通时间烧坏的晶闸管虽然也是一小黑点，但烧坏的位置与真正的电压击穿是不同的，其烧坏机理与上面第 2 种情况所述是一样的，只是由于芯片里面的小晶闸管比较小，所以形成的烧毁痕迹也较小，实际是已经将小晶闸管完全烧毁了。

综上所述，无论什么原因烧坏晶闸管，最终都是由于晶闸管绝缘电压相对降低，然后启弧放电，产生高温，使晶闸管芯片金属甚至外壳金属熔化，致使晶闸管短路损坏。

✍ 任务总结与评价

项目：		班级			
工作任务：		姓名		学号	
任务过程评价（100 分）					
序号	项目及技术要求	评分标准		分值	成绩
1	小组合作执行力	分工合理，全员参与，1 人不积极参与扣 5 分		25	
2	单向晶闸管的极性判断	利用万用表进行判别，每极 10 分		15	
3	双向晶闸管的极性判断	T_2 极和其余两极，每极 10 分		15	
4	三相晶闸管的检测	E 极和 B_1、B_2 极，每极 10 分		15	
5	分析质量；总结操作注意事项	观点明确，讲解正确，语言流畅		15	
6	挡位选择合适；结束测量后，万用表置于 OFF 挡	挡位选错扣 5 分；结束后未置于 OFF 挡		15	
总评		得分			
		教师签字：		年 月 日	

单元 2

基本放大电路与集成运算放大电路

2

学习指南

放大现象存在于生活中的各种场景，如光学中的放大（放大镜）、力学中的放大（杠杆）、电力学中的放大（变压器）以及电子学中的放大（扩音器）等。同时，这些放大现象都存在以下共同点。

① 将原物按照一定比例进行放大。

② 放大前后遵循能量守恒定律。

本单元所讨论的便是电子学中的放大，以扩音器为例，其原理框图如图 2-1 所示。

图 2-1　扩音器原理框图

话筒将低音信号转换为电信号，经放大电路放大成足够强的电信号后驱动扬声器，使其发出比原声音强得多的声音进行输出，从而实现通过放大电路进行能量的控制和转换，并将直流电源的能量转换为负载所获得的远大于信号源所提供的能量，从而实现电子电路的功率放大，即负载上总是通过放大电路获得比输入信号大得多的电流或者电压。因此，在放大电路中必须存在能够控制能量的器件，即有源器件。

同时，通过前面的学习可知，集成电路是一种将管和路紧密结合的器件，它以半导体为主要芯片，采用专用制造工艺，将场效应晶体管、晶体管、电阻、电容和二极管等元器件用导线连接组成一个完整的电路，使之具有特定的功能，集成放大电路最初多用于各种模拟信号运算，故称之为集成运算放大电路，简称集成运放。

通过本单元的学习熟悉和了解基本放大电路和集成运算放大电路，为后面的学习打下基础。

任务 2-1 认识基本放大电路

🥕 学习目标

知识目标：

（1）阐明放大电路的基本组成、结构形式和组成原则。

（2）理解运算放大电路的性能与特点。

（3）形成了解和分析复杂电路的方法。

能力目标：

（1）培养学生对概念的理解能力。

（2）培养学生互相探讨共同提高的能力。

重点难点：

（1）放大电路的组成原则。

（2）放大电路的主要性能指标。

（3）放大电路的分析方法。

👉 学习引导

在现实生活中音响设备随处可见，且在音质方面效果极佳并可调节。音效具有如此优秀的效果，不得不提及其发展过程。1906 年美国人德福雷斯特发明真空三极管，使人类进入电声技术时代，1927 年贝尔实验室发明负反馈技术，使音响技术进入了一个崭新时代。比如具代表性的威廉逊放大器就成功地运用了负反馈技术，使放大器的失真度大大降低。那么，最基本的放大电路——晶体管放大电路是如何工作的呢？

📖 必备知识

通过学习指南中扩音器的例子，可以了解到放大电路放大的本质是实现能量的控制和转换，而电子电路放大的基本特征是功率的放大，由于在电子电路中放大的对象是变化的量，常用的测试信号为正弦波，其本质是在输入信号的作用下，通过晶体管或者场效应晶体管等有源器件对直流电源的能量进行控制和转换，使负载从电源中获得的输出信号的能量比信号源向放大电路中提供的能量大得多，因此放大电路的特征是功率放大，其表现为输出电压大于输入电压，输出电流大于输入电流，或者两者兼而有之。同时，放大的基本前提是不失真，如果放大电路输出的信号与输入信号失真，那便谈不上放大了。

下面将以图 2-2 所示基本共射放大电路为例，阐明放大电路的组成原则及电路中各元器件的作用。

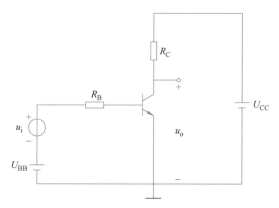

图 2-2　基本共射放大电路

（1）基本共射放大电路的组成　图 2-2 所示电路是由 NPN 型硅晶体管及若干电阻组成的，其中晶体管是其核心器件，主要起放大作用，u_i 为输入信号。

（2）基本共射放大电路中各元器件的功能与作用　当电路中 $u_i=0$ 时，放大电路处于静态，在输入回路中基极电源 U_{BB} 使晶体管基极与发射极之间电压 U_{BE} 大于开启电压 U_{on}，并与基极电阻 R_B 共同决定基极电流 I_B。在输出回路中，集电极电源 U_{CC} 应足够高，使晶体管的集电结反向偏置，以保证晶体管工作在放大状态，因此集电极电流 $I_C=\beta I_B$，集电极电阻 R_C 上的电流等于 I_C，因此 R_C 上的电压为 $I_C R_C$，从而决定了集电极与发射极间的电压 $U_{CE}=U_{CC}-I_C R_C$。

当 u_i 不为 0 时，在输入回路中，将在静态值的基础上产生一个动态的基极电流 i_B，同时在输出回路中得到动态电流 i_C，集电极电阻 R_C 将集电极电流的变化转化成电压的变化，即使管压降 u_{CE} 产生变化，管压降的变化量就是输出动态电压 u_o，从而实现了电压放大。直流电源 U_{CC} 为输出提供所需能量。

在上述基本共射放大电路中，电路的输入回路与输出回路以发射极为公共端，因此称之为共射放大电路，其中称公共端为"地"。

（3）静态工作点

1）静态工作点的概念。由以上基本共射放大电路分析可知，在放大电路中，当输入信号为零时，晶体管的基极电流 I_B、集电极电流 I_C、B-E 间电压 U_{BE}、管压降 U_{CE} 称为放大电路的静态工作点 Q，常将这 4 个物理量记为 I_{BQ}、I_{CQ}、U_{BEQ}、U_{CEQ}。在近似估算时通常认为 U_{CEQ} 为已知量。一般情况下，对于硅晶体管取 $|U_{CEQ}|$ 为 0.6~0.8V 中的某一数值，对于锗晶体管取 $|U_{CEQ}|$ 为 0.1~0.3V 中的某一数值。

2）设置静态工作点的必要性。放大电路中要放大的目标均是动态信号，那么为什么要设置静态工作点？为了说明这个问题，不妨将基极电源去掉，如图 2-3 所示，电源 U_{CC} 的负端接"地"。

在图 2-3 所示电路中，静态时输入端短路，可得出 $I_{BQ}=0$、$I_{CQ}=0$、$U_{CEQ}=U_{CC}$ 的结论，因而晶体管

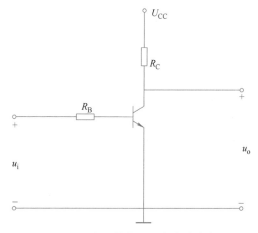

图 2-3　无合适静态工作点的放大电路

处截止状态。当输入电压 u_i 时，$u_{BE}=u_i$，若其峰值小于 B-E 之间的开启电压 U_{on}，则在信号的整个周期内晶体管始终工作在截止状态，因而输出电压将无任何变化，即使 u_i 的幅值足够大，晶体管也只能在信号大于 U_{on} 的开启时间间隔内导通，因此必然造成输出电压严重失真。

对于放大电路的一个最基本要求为不失真，另一个要求为能够放大。如果输出信号严重失真，那么放大也将没有任何意义。因此，只有在整个周期内晶体管始终工作在放大状态，输出的信号才不会产生失真，所以设置合适的静态工作点来保证放大电路不产生失真和保持信号完整性将是非常必要的。

另外，Q 点不仅影响电路是否失真，同时还会影响放大电路的其他动态系数。

（4）放大电路的组成原则及常见共射放大电路

1）组成原则。通过以上对放大电路的简单分析，可以总结出组成放大电路所必须遵循的几个原则，具体如下。

① 必须根据所用放大管的类型提供直流电源，以便设置合适的静态工作点，同时作为输出的能源。对于晶体管放大电路电源的极性和大小，应使晶体管基极与发射极之间处于正向偏置，静态电压大于开启电压，而集电极与发射极之间反向偏置，即保证晶体管工作在放大区。

② 电阻必须取值得当，与电源配合使放大管有合适的静态工作电流。

③ 输入信号必须能够作用于放大管的输入回路，对于晶体管而言，输入信号必须能够改变基极与发射极之间的电压或改变基极电流。

④ 当负载接入时必须保证放大管输出回路的动态电流能够作用于负载，从而使负载获得比输入信号大得多的信号电流或信号电压。

2）常见的两种共射放大电路。

① 直接耦合共射放大电路，如图 2-4 所示。

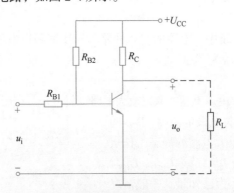

图 2-4　直接耦合共射放大电路

在实际放大电路中，为了防止干扰，通常要求输入信号、直流电源、输出信号均有一端接在公共端，称为"共地"。因此，将图 2-2 所示电路中的基极电源与集电极电源合二为一，同时在基极回路中又增加一个电阻，便得到图 2-4 所示的共射放大电路。两图所示电路中信号源与放大电路、放大电路与负载电阻均直接相连，故称为"直接耦合"。

② 阻容耦合共射放大电路，如图 2-5 所示。

当输入信号作用时，由于信号电压降在图 2-2 所示电路中的 R_B 和图 2-4 所示电路中的 R_{B1} 上均有损失，因而减小了晶体管基极与发射极之间的信号电压，影响了电路的放大能力。因此，为降低信号损失，在电路中增加电容来解决这一问题。如图 2-5 所示。由于增加了电容 C_1，该电路使输入信号几乎毫无损失地增加到放大电路的输入回路中。

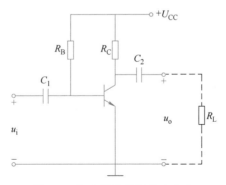

图 2-5　阻容耦合共射放大电路

电容 C_1 分别连接信号源与放大电路，电容 C_2 连接放大电路与负载。在电子电路中起连接作用的电容称为耦合电容，利用电容连接的电路称为阻容耦合。由于电容具有"隔直流，通交流"的特性，因此在阻容耦合放大电路中无直流通过。所以，耦合电容的容量应该足够大，使其在输入信号频率返回内的容抗很小，使输入信号可以没有损失地加载到放大晶体管的基极与发射极之间。

（5）影响放大电路性能的指标　图 2-6 所示为放大电路示意图，所有放大电路都可看成一个两端口网络，左侧为输入端，右侧为输出端。

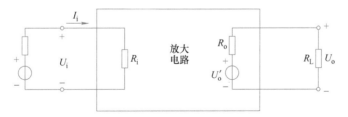

图 2-6　放大电路示意图

不同放大电路从信号源获取的电流不同，对同样信号的放大能力也各不相同，对不同频率的信号同一放大电路的放大能力也存在差异，故为反映放大电路的各方面性能，引出以下主要指标。

1）放大倍数。它是输出量与输入量的比值，这是直接衡量放大电路放大能力的重要指标。放大倍数在实测时应使用示波器观察输出波形，只有在不失真的情况下测试数据才有意义。

2）输入电阻。从放大电路输入端看进去的等效电阻 R_i，其值定义为输入电压有效值 U_i 与输入电流 I_i 之比，即

$$R_i = \frac{U_i}{I_i}$$

输入电阻越大，表明放大电路从信号源索取的电流越小，放大电路所得到的输入电压越接近信号源电压，即信号源内阻上的电压越小，信号电压损失则越小。

3）输出电阻。放大电路的输出端可等效为一个有内阻的电压源，从放大电路输出端看进去的等效内阻称为输出电阻 R_o，即

$$R_o = [(U_o'/U_o)-1]R_L$$

R_o 越小，负载电阻 R_L 变化时 U_o 的变化越小，放大电路的负载能力越强。

输入电阻与输出电阻是为了描述电子电路在相互连接时所产生的影响而引入的参数，它们均会直接或间接影响放大电路的放大能力。

4）通频带。通频带用于衡量放大电路对不同频率信号的放大能力，由于电路中电抗元件的存在，在输入信号频率较低或较高时放大倍数均会下降并产生相移，所以一般情况下放大电路只适用于放大某个特定频率范围的信号，这个范围称为放大电路的通频带。通频带越宽，说明放大电路对不同频率信号的适应能力越强，当频率趋近于零或无穷大时，放大倍数趋近于零。

5）非线性失真。由于放大器件均有非线性特性，它们的线性放大有一定范围，当输入信号幅度超过一定数值后，输出电压将会产生非线性失真。

6）最大不失真输出电压。当输入电压增大到会使输出波形产生非线性失真时的输出电压称为最大不失真输出电压。

7）最大输出功率与效率。在输出信号不失真的情况下，负载上能够获得的最大功率称为最大输出功率，此时的输出电压达到最大不失真输出电压。

在放大电路中，输入信号的功率一般非常小，但是经放大电路放大后负载从直流电源获得的信号功率却较大，直流电源能量的利用率称为效率。

（6）放大电路的分析方法　对放大电路进行分析，是在理解放大电路工作原理的基础上对静态工作点和各项动态参数进行求解的过程，那么本任务以基本共射放大电路为例，针对电子电路中存在的非线性器件，并且直流量与交流量同时存在与作用的特点，提出分析方法，以作参考。

1）直流通路与交流通路分析法。通常，放大电路中直流量和交流信号同时存在，但是由于电容、电感等电抗元件的存在，以及不同电抗元件对不同信号所产生的作用不尽相同，使其在放大电路中所流经的通路不完全相同，因此常把直流电源对电路的作用和输入信号对电路的作用分成直流通路和交流通路。

① 直流通路：在直流电源的作用下，直流电流经过的路径称为直流通路。直流通路用于静态工作点的研究。在直流通路中，电容视为开路，电感视为短路，信号源保留其内阻，视为短路。

② 交流通路：在输入信号作用下，交流信号经过的路径称为交流通路。交流通路用于动态参数的研究。在交流通路中，大容量电容视为短路，无内阻的直流电源视为短路。

根据上述定义，将图 2-2 所示电路分别等效成的直流通路与交流通路如图 2-7 所示。

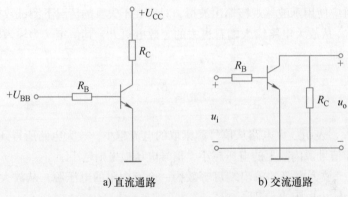

a) 直流通路　　　　　　　　b) 交流通路

图 2-7　图 2-2 所示基本共射放大电路的等效电路

在分析放大电路时，应遵循"先静态，后动态"的分析方法，求解静态工作点时应利用直流通路，在求解动态参数时应利用交流通路。选择的静态工作点合适，那么进行动态分析才会有意义。

2）图解法。在已知放大电路输入特性和输出特性以及放大电路中其他各元器件参数的基础上，可利用图解法进行电路分析。利用图解法可进行静态工作点的分析、电压放大倍数的分析以及波形非线性失真的分析。

图解法能直观、形象地反映晶体管的工作情况，但必须实测所用放大晶体管的特性曲线，同时利用图解法进行定量分析时误差较大。另外，晶体管的特性曲线只能反映信号频率较低时电压与电流的关系，不能反映频率较高时极间电容产生的影响，因此这种方法适用于工作频率不太高而输出幅值比较大的情况，在实际使用中多用于分析 Q 点位置、最大不失真输出电压和失真情况。

3）等效电路法。晶体管电路的复杂性在于晶体管特性的非线性，如果在一定条件下能将晶体管特性曲线线性化，建立线性模型，那么则可用线性电路的分析方法来分析晶体管放大电路。针对应用场合的不同和分析问题的不同，同一只晶体管有不同的等效模型，其中有分析晶体管直流模型及静态工作点的估算法、有晶体管共射 h 参数等效模型以及共射放大电路动态参数的分析。

在上述放大电路的分析方法中，静态分析就是求解静态工作点 Q，在输入信号为零时晶体管和场效应晶体管各电极的电流与电压就是 Q 点，可使用估算法和图解法。动态分析则是求解各动态参数和分析输出波形，通常利用 h 参数等效电路进行小信号作用时的数据分析，利用图解法分析 U_{om} 和失真情况。

放大电路的分析应遵循"先静态，后动态"的原则，只有静态工作点比较合适时，动态参数分析才有意义。Q 点不但影响电路输出是否失真，而且与动态参数密切相关。

知识链接

放大是最基本的信号处理功能，它是通过放大电路实现的，大多数电子系统中都应用了不同类型的放大电路。放大电路也是构成其他电路，如滤波、振荡、稳压等功能电路的基本单元。

电子技术里的"放大"有以下两方面的含义。

1）能将微弱的电信号增强到人们所需要的数值（即放大电信号），以便于人们测量和使用。

检测外部物理信号的传感器所输出的电信号通常是很微弱的，对这些能量过于微弱的信号，既无法直接显示，一般也很难作进一步分析处理。通常必须把它们放大到数百毫伏量级，才能用数字式仪表或传统的指针式仪表显示出来。若对信号进行数字化处理，则需把信号放大到数伏量级才能被一般的模 - 数转换器所接受。

2）要求放大后的信号波形与放大前的波形的形状相同或基本相同，即信号不能失真；否则就会丢失要传送的信息，失去了放大的意义。

某些电子系统需要输出较大的功率，如家用音响系统往往需要把声频信号功率提高到数瓦或数十瓦。而输入信号的能量较微弱，不足以推动负载，因此需要给放大电路另外提供一个直流能源，通过对输入信号的控制，使放大电路能将直流能源的能量转化为较大的输出能量，去推动负载，这种小能量对大能量的控制作用就是放大的本质。

✍ 学习评价

评价项目	评价内容	评价标准			评价方式			备注
		优（20分）	良（15分）	一般（10分）	自评	互评	师评	
学习态度	1.学习目标明确，重视学习过程的反思，积极优化学习方法 2.逐步形成浓厚的学习兴趣 3.保质保量按时完成作业 4.重视自主探索、自主学习，拓展视野	积极、热情、主动	积极、热情但欠主动	态度一般				
学习方式	1.学生个体的自主学习能力强，会倾听、思考、表达和质疑 2.学生普遍有浓厚的学习兴趣，在学习过程中参与度高 3.学生之间能采取合作学习的方式，并在合作中分工明确地进行有序和有效的探究	自主学习能力强，会倾听、思考、表达和质疑	自主学习能力较强，会倾听、思考、表达	自主学习能力一般，会倾听				
合作意识	1.积极参加合作学习，勇于接受任务、敢于承担责任 2.加强小组合作，取长补短，共同提高 3.乐于助人，积极帮助学习有困难的同学 4.公平、公正地进行自评和互评	合作意识强，组织能力好，与别人互相提高	能与他人合作，并积极帮助有困难的学生	有合作意识，但总结能力不强				
探究活动	1.积极尝试、体验研究的过程 2.逐步形成严谨的科学态度、不怕困难的科学精神 3.善于观察分析，提出有意义的问题	理解深刻	理解较浅	理解模糊				
知识应用	自觉养成应用所学知识解决实际问题的意识，增强综合应用能力	能很灵活地运用知识解决问题	较灵活地运用知识解决问题	应用知识技能一般				
其他附加	情感、态度、价值观的转变	学习态度、认知水平有很大提高	学习态度、认知水平有较大提高	学习态度、认知水平有些提高				

任务 2-2　基本共射放大电路的检测

学习目标

知识目标：

（1）掌握在面包板上插接分立元件组成单管共射放大电路的基本方法。

（2）掌握放大器静态工作点的调试和测量方法。

（3）学会用示波器观测放大器输入输出波形及电压幅度的测量方法。

能力目标：

（1）能够独立完成电子电路的制作与调试。

（2）遇到问题能独立分析、查找原因和解决问题。

任务描述

由一只晶体管组成的放大电路是放大器中最基本的单元电路，称为单管放大电路。通过实训设备对单管放大电路中各种参数的测量，来学习放大器静态工作点的调试和测量，同时使用示波器观测放大器输入输出波形及电压幅度的测量，并观测不同输入电压与输出电压的变化。

1. 实训设备

直流稳压电源 1 台，双踪示波器 1 台，函数信号发生器 1 台，交流毫伏表 1 台，万用表 1 只，面包板 1 块。

2. 实训器件

晶体管 9014、电阻、电容。

任务分析

图 2-8 所示为单管共射放大电路，图中 R_{B1}、R_{B2} 的取值使流过两电阻的电流 $I_{RB2} \gg I_B$（或 $I_{RB1} \gg I_B$），故静态时基极电位 $U_B \approx [R_{B2}/(R_{B1}+R_{B2})]U_{CC}$，$R_{B1}$、$R_{B2}$、$R_E$ 的取值又使 $U_B \gg U_{BE}$，因 $\beta \gg 1$，故静态时 $I_C \approx I_E = (U_B - U_{BE})/R_E \approx U_B/R_E = R_{B2}U_{CC}/[(R_{B1}+R_{B2})R_E]$。由以上分析可知，该电路的静态工作点基本上由 U_{CC} 通过基极偏置电阻 R_{B1}、R_{B2} 分压而决定，与晶体管的参数 β 及 U_{BE} 大小基本无关，静态工作点比较稳定，故图 2-8 所示电路又称为分压式直流负反馈共射放大电路，简称工作点稳定电路。

图 2-8 中 C_E 为射极旁路电容，画出交流通路，晶体管射极交流接地，仍为共射组态。

任务实施

1. 组装电路

按照图 2-8 所示在面包板上安装分压式单管共射放大电路。

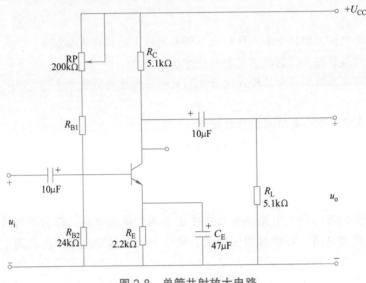

图 2-8 单管共射放大电路

2. 静态调试

检查电路连接无误后接通电源，调节电位器 RP 使 U_E=2.2V，测量 U_B、U_{BE} 和 R_{B1} 的值，计算 I_E 和 U_{CE} 的值填入表 2-1 中，并判断晶体管的工作状态。注意：R_{B1} 的测量应在断电后且断开 RP 一端进行。

3. 动态研究

1）调节信号发生器，使之输出一个频率为 1kHz、有效值为 5mV 的正弦波信号 u_i，接到放大器的输入端，负载 R_L 开路，观察 u_i 和 u_o 端波形，并比较相位。

表 2-1 U_B、U_{BE} 和 R_{B1} 测量数据

实测			实测计算	
U_B/V	U_{BE}/V	R_{B1}/kΩ	U_{CE}/V	I_E/mA

2）保持 u_i 频率不变，逐渐增大幅度，观察 u_o，测量最大不失真时的输出电压有效值 U_o 和此时的输入电压有效值 U_i，填入表 2-2 中。

表 2-2　U_o 和 U_i 测量数据

实测		实测计算	估算
U_i/V	U_o/V	A_U	A_U

注：A_U 为放大倍数。

3）保持 u_i =5mV 不变，放大器接入负载 R_L，测量输出电压有效值 u_o，并将结果填入表 2-3 中。

表 2-3　数据记录

给定参数		实测		实测计算	估算
R_C	R_L	u_i/mV	u_o/V	A_U	A_U
5.1kΩ	5.1kΩ				

4）逐渐增大 u_i，用示波器观察 u_o 波形变化，直到出现明显失真，分析是饱和失真还是截止失真。

4. 测量输入、输出电阻

1）输入电阻测量。输入端串接 1kΩ 电阻，如图 2-9 所示，使输出不失真，测量 u_s 与 u_i，并按式 $R_i=u_iR_s/(u_s-u_i)$ 计算 R_i。

2）测量输出电阻。在输出端接入电阻 R_L，如图 2-10 所示。测量有负载和空载时的不失真输出电压 u_o 和 u_o'，并按式 $R_o=[(u_o'/u_o)-1]R_L$ 计算 R_o。

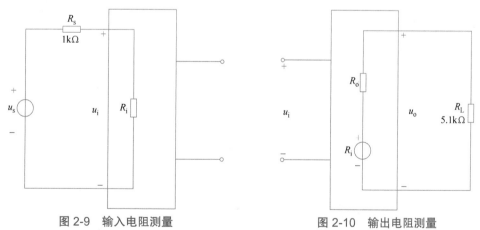

图 2-9　输入电阻测量　　　　图 2-10　输出电阻测量

？ 想一想

试述共射放大电路的工作原理及各元器件的作用，分析静态工作点的设置和共射放大电路的电压倍数。

✍ 任务总结与评价

1）整理测量数据，列出表格。

2）将实验值与理论值加以比较，分析产生误差的原因。

3）分析静态工作点对 A_U 的影响，讨论提高 A_U 的办法。

项目：		班级			
工作任务：		姓名		学号	
任务过程评价（100分）					
序号	项目及技术要求	评分标准		分值	成绩
1	小组合作执行力	分工合理，全员参与，一人不积极参与扣5分		20	
2	电路组装	电路组装无误，焊接正确		20	
3	静态调试	材料类型、开路还是短路判别正确		20	
4	动态研究测量	频率挡位选择正确，测量正确		20	
5	测量输入、输出电阻	工具选择正确，记录正常数据		20	
总评		得分			
		教师签字：		年　月　日	

任务 2-3　认识集成运算放大电路

🥕 学习目标

知识目标：

（1）了解集成运算放大电路的组成及各部分的作用。

（2）正确理解主要指标参数的物理意义及其使用注意事项。

（3）了解电流源电路的工作原理。

能力目标：

（1）熟悉集成运算放大电路的组成。

（2）熟悉集成运算放大电路各部分的作用。

（3）理解集成运算放大电路主要指标参数的意义。

👉 学习引导

集成运算放大电路是一种将元器件和通路紧密连接在一起的器件，它是以半导体单晶硅为芯片，通过专用制造工艺把晶体管、场效应晶体管、二极管、电阻、电容、电感等通过导线连接组成一个完整的电路，使其具有特定的控制要求。集成运算放大电路最初多用于各种模拟信号的运算中，因此被称为集成运算放大电路。因其高性价比，集成运算放大电路被广泛应用于模拟信号的处理和发生电路中。本任务主要通过集成运算放大电路的结构特点、电路组成、主要性能指标、种类划分和使用方法等方面来了解和学习集成运算放大电路。

📖 必备知识

在集成电路中相邻元器件的参数具有良好的一致性，归纳起来集成运算放大电路有以下特点。

1）由于硅片上不能制作大电容，因此集成运算放大电路均采用直接耦合的方式。

2）由于相邻元器件具有良好的对称性，而且受环境温度和干扰等影响后的变化也相同，所以，集成运算放大电路中大量采用各种差分放大电路和恒流源电路。

3）集成运算放大电路允许采用复杂的电路形式，以达到提高各方面性能的目的。

由于硅片不宜制作高阻值电阻，因此在集成运算放大电路中常用有源元件取代电阻。

4）集成晶体管和场效应晶体管因制作工艺不同，性能上有较大差异，所以在集成运算放大电路中采用复合形式，以得到各方面最佳的效果。

1. 集成运算放大电路的组成及其各部分的作用

集成运算放大电路由输入级、中间级、输出级和偏置电路 4 个部分组成，如图 2-11 所示。

图 2-11　集成运算放大电路组成框图

1）输入级又称为前置级，是双端输入的高性能差分放大电路。要求其输入电阻高，差模放大倍数大，抑制共模信号的能力强，静态电流小，它的好坏直接影响运算放大的大多数性能参数。

2）中间级是整个集成运算放大电路的主放大器，其作用是使集成运算放大电路具有较强的放大能力，多采用共射放大电路，经常采用复合管提高放大倍数，以恒流源做集电极负载。

3）输出级应具有输出电压线性范围宽、输出电阻小、非线性失真小等特点。集成运算放大电路的输出级多采用互补对称输出电路。

4）偏置电路通常用于设置集成运算放大各级放大电路的静态工作点，集成运算放大电路采用电流源电路为各级提供合适的集电极静态工作电流，从而确定合适的静态工作点。

2. 集成运算放大电路的电压传输特性

集成运算放大电路的两个输入端分别为同相输入端和反相输入端，同相与反相是指集成运算放大电路的输入电压与输出电压之间的相位关系，如图 2-12 所示。

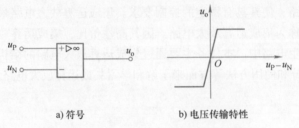

a) 符号   b) 电压传输特性

图 2-12 集成运放的符号和电压传输特性

集成运算放大电路中输出电压 u_o 与输入电压 u_i（同相与反相之间差值）之间的关系曲线称为电压传输特性。

3. 集成运算放大电路的基本电流源电路

集成运算放大电路中的晶体管和场效应晶体管，除了作为放大管外，还构成电流源电路，为各级提供合适的静态电流，或者作为有源负载取代高阻值的电阻，从而增加放大电路的电压放大倍数。常见的电流源电路有镜像电流源电路、比例电流源电路、微电流源电路等。

1）镜像电流源电路。如图 2-13 所示，该电路由两只完全相同的晶体管构成。

电路的特殊接法，使得 I_{C1} 和 I_{C0} 呈现镜像关系，故称为镜像电流源。此电路结构简单且应用广泛，镜像电流源具有一定的温度补偿作用，可提高电流源的稳定性，但在电源电压一定的情况下，若要求 I_{C1} 较大势必增大 I_R，R 产生的功耗也就增大；若要 I_{C1} 很小，则 I_R 势必也小，R 的数值势必很大，这种情况在集成电路中是应当避免的，也是很难做到的，因此衍生出其他类型的电路。

2）比例电流源电路。这种电路改变了镜像电流源电路中 I_{C1} 与 I_R 的关系，使 I_{C1} 可以大于或小于 I_R，与 I_R 形成比例关系，从而克服镜像电流源的上述缺点，其电路如图 2-14 所示。

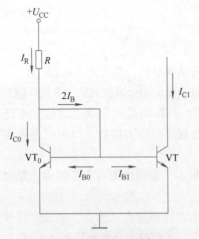

图 2-13 镜像电流源电路

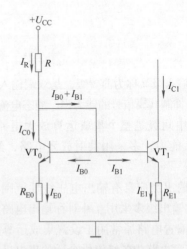

图 2-14 比例电流源电路

与典型的静态工作点稳定电路一样，R_{E0} 和 R_{E1} 是电流负反馈电阻，因此与镜像电流源电路比较，比例电流源电路输出的电流具有更高的温度稳定性。

3）微电流源电路。集成运放电路输入级放大管的集电极静态电流很小，往往只有几十毫安，甚至更小，为了采用阻值更小的电阻，同时获得较小的电流输出 I_{C1}，可以将比例电流源电路中 R_{E0} 的阻值减小到零，便得到图 2-15 所示的微电流源电路。

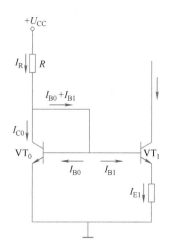

图 2-15　微电流源电路

4. 集成运算放大电路的性能指标

在考查集成运算放大电路的性能时，常用的参数有以下几种。

1）开环差模增益：在集成运算放大电路无外加反馈时的差模放大倍数。

2）共模抑制比：差模放大倍数与共模放大倍数之比的绝对值。

3）差模输入电阻：集成运算放大电路在差模输入信号时的电阻。

4）输入失调电压：使输出电压为零时在输入端所加的补偿电压。

5）输入失调电流：输入级差放管输入电流的不对称度。

6）输入偏置电流：输入级差放管的基极偏置电流的平均值。

7）最大共模电压：输入级正常工作情况下允许输入的最大共模信号。

8）最大差模输入电压：当集成运算放大电路所加的差模信号大到一定程度时输入级至少有一个 PN 结承受反向电压，最大差模输入电压是不至于使 PN 结反向击穿所允许的最大差模输入电压。

9）$-3dB$ 带宽 f_H：使开环差模增益下降 3dB 时的信号频率。

10）单位增益带宽：使开环差模增益下降到 0dB 时的信号频率。

11）转换速率：表示集成运算放大电路对信号变化速度的适应能力，是衡量集成运算放大电路在大信号作用时工作速度的参数。

5. 集成运算放大电路的选择

集成运算放大电路在进行设计时，通常情况下不需要研究其电路内部，而是根据设计需求寻找具有相应性能指标的芯片，所以理解集成运算放大电路主要性能指标的物理意义是正确选择的前提。应根据以下几方面要求进行集成运算放大电路的选择。

1）信号源的性质。根据信号源的性质是电压源还是电流源，以及内阻大小、输入信号的幅值、频率的变化范围等，选择集成运算放大电路的差模输入电阻、带宽、转换速率等指标参数。

2）负载性质。根据负载电阻的大小确定所需集成运算放大电路的输出电压和输出电流的幅值。

3）精度要求。对模拟信号的处理，如放大、运算等一般提出精度要求，根据这些要求选择集成运算放大电路的开环差模增益、失调电压、失调电流及转换速率等指标参数。

4）环境条件。根据环境温度的变化范围，可正确选择集成运算放大电路的失调电压及失调电流的温漂等参数。譬如，根据所提供的电源选择集成运算放大电路的电源电压，根据对功耗的限制选择集成运算放大电路的功耗。

根据对集成运算放大电路选择条件的分析，通过查阅资料或手册等手段便可选择某一型号的集成运算放大电路。另外，也可通过各种仿真软件进行芯片选择。不过，从性能与价格等方便考虑，应尽量采用通用型集成运算放大电路。

6. 集成运算放大电路的使用

1）集成运算放大电路使用时的注意事项。首先注意集成运算放大电路的引脚，当前集成运算放大电路的封装方式有金属壳封装和双列直插式封装，且以后者居多，尽管它们的引脚趋于标准化，但是不同厂商仍会有所不同，所以在使用前应认真查阅相关手册，熟悉其参数设置，以便正确连线。

① 在使用集成运算放大电路之前一般需要用简易方法测试其好坏，并对照引脚测试其有无短路和断路的现象，必要时也可采用测试设备测量其电路的好坏。

② 由于失调电压和失调电流的存在，输入为零时输出往往不为零，对于内部无自动稳零措施的集成运算放大电路需外加调零电路。对于单电源供电的集成运算放大电路，有时还需要在输入端加直流偏置电压，设置合适的静态输出电压，以便能放大正负两个方向的变化信号。

③ 为防止电路产生自激振荡，应在集成运算放大电路的电源端增加去耦电容，有的还需要外接合适容量的频率补偿电容。

2）集成运算放大电路的保护措施。集成运算放大电路在使用过程中经常由于输入信号过大而造成 PN 结击穿，或者电源电压极性反接或过高，或者输出端直接接地或电源造成集成运算放大电路因输出功耗过大而损坏。因此，为使集成运算放大电路安全工作，必须进行必要的保护。

① 输入端保护：通常集成运算放大电路工作在开环状态时，易因差模电压过大而损坏，在闭环状态时易因共模电压超出极限值而损坏，那么针对这两种情况，形成两种保护电路，如图 2-16 和图 2-17 所示。

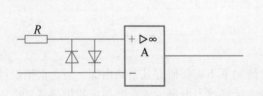

图 2-16　防止输入差模信号幅值过大

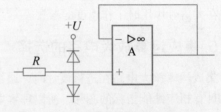

图 2-17　防止输入共模信号幅值过大

② 输出端保护：图 2-18 所示为输出端保护电路，限流电阻 R 与稳压管 VS 构成限幅电路，一方面将负载与集成运算放大电路输出端隔离开来，限制了输出电流，另一方面限制了输出电压的幅值。

③ 电源端保护：为了防止电源极性反接，利用二极管的单向导电性在电源端串联二极管来实现保护，向如图 2-19 所示。

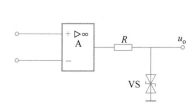

图 2-18　输出端保护电路

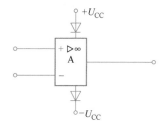

图 2-19　电源端保护电路

📝知识链接

放大器电路在不同时期的电子领域中扮演着不同的角色。

1）放大器电路被首次用于中继传播设施。例如，在旧式电话线路中，用弱电流控制外呼线路的电源电压。

2）用于音频广播。范信达 (Reginald Aubrey Fessenden) 在 1906 年 12 月 24 日，首次把炭粒式麦克风（Carbon microphone）作为放大器，应用于调频广播传送装置中，把声音调制成射频源。

3）20 世纪 60 年代，真空电子管开始被淘汰。当时，一些大功率放大器或专业级的音频应用（如吉他放大器和高保真放大器）仍然会采用晶体管放大器电路。许多广播发射站仍然使用真空电子管。

4）20 世纪 70 年代开始，越来越多的晶体管被连接到一块芯片上来制作集成电路。如今商业上通行的放大器都基于集成电路。

✍学习评价

评价项目	评价内容	评价标准			评价方式			备注
		优（20分）	良（15分）	一般（10分）	自评	互评	师评	
学习态度	1. 学习目标明确，重视学习过程的反思，积极优化学习方法 2. 逐步形成浓厚的学习兴趣 3. 保质保量按时完成作业 4. 重视自主探索、自主学习，拓展视野	积极、热情、主动	积极、热情但欠主动	态度一般				

（续）

评价项目	评价内容	评价标准			评价方式			备注
		优（20分）	良（15分）	一般（10分）	自评	互评	师评	
学习方式	1. 学生个体的自主学习能力强，会倾听、思考、表达和质疑 2. 学生普遍有浓厚的学习兴趣，在学习过程中参与度高 3. 学生之间能采取合作学习的方式，并在合作中分工明确地进行有序和有效的探究	自主学习能力强，会倾听、思考、表达和质疑	自主学习能力较强，会倾听、思考、表达	自主学习能力一般，会倾听				
合作意识	1. 积极参加合作学习，勇于接受任务、敢于承担责任 2. 加强小组合作，取长补短，共同提高 3. 乐于助人，积极帮助学习有困难的同学 4. 公平、公正地进行自评和互评	合作意识强，组织能力好，与别人互相提高	能与他人合作，并积极帮助有困难的学生	有合作意识，但总结能力不强				
探究活动	1. 积极尝试、体验研究的过程 2. 逐步形成严谨的科学态度、生不怕困难的科学精神 3. 善于观察分析，提出有意义的问题	理解深刻	理解较浅	理解模糊				
知识应用	自觉养成应用所学知识解决实际问题的意识，增强综合应用能力	能很灵活地运用知识解决问题	较灵活地运用知识解决问题	应用知识技能一般				
其他附加	情感、态度、价值观的转变	学习态度、认知水平有很大提高	学习态度、认知水平有较大提高	学习态度、认知水平有些提高				

任务 2-4 制作 RC 桥式音频信号发生器

学习目标

知识目标：

（1）具备典型 RC 振荡电路的分析和初步设计的能力。

（2）具备阅读实用的低频振荡电子产品原理图的能力。

（3）具备排除一般振荡电路故障的能力。

能力目标：

（1）能正确使用常见电子仪器仪表、设备和工具。

（2）利用电子仪表等实验工具完成 RC 桥式音频信号发生器。

任务描述

让学生具备阅读实用低频信号振荡电子产品原理图、安装调试流程和排查一般振荡电路故障的能力，同时通过实验验证振荡器与放大器的最大不同在于：放大器需要外加输入信号，才能有信号输出；振荡器则不需要外加输入信号，而是由电路本身自激产生输出信号。在此过程养成对已完成的工作进行记录、存档等习惯，并能在工作过程中自觉保持安全作业，遵守"6S"的工作要求。

任务分析

振荡器是一种能量转换装置，它无须外加信号，就能自主地将直流电能转换成具有一定频率、一定幅度和一定波形的交流信号。要求首先认识、了解正弦波振荡电路的电路构成和起振条件，并进一步阅读实用低频信号振荡电子产品原理图、安装调试流程和排查一般振荡电路故障及典型应用，同时制作和分析振荡电路，并能熟练使用万用表、示波器等仪表进行故障排查和处理。

必备知识

1.RC 桥式振荡器电路的组成

RC 桥式振荡器又称为文氏桥振荡器，它由同相放大器和具有选频作用的 RC 串并联正反馈网络组成，如图 2-20 所示。

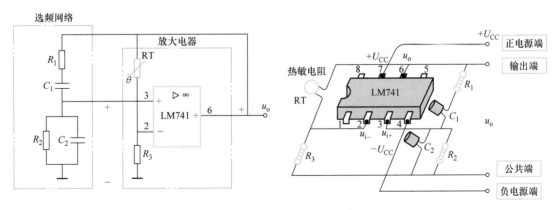

图 2-20　RC 桥式振荡器

2. 振荡原理

RC 串并联选频网络组成正反馈回路，集成运放输出信号经选频网络选出所需频率的信号从同相端输入，形成正反馈，使之产生自激振荡。R_t 和 R_3 组成负反馈回路，自动调节振荡输出信号趋于稳定。

音频信号发生器是一种能够产生音频正弦波信号的常用仪器，在调试和检修音响、扩音器等音频设备时常运用此电路。本任务的音频信号发生器可以产生 20Hz~20kHz 正弦波信号，分为 3 个频段：第一频段可调范围为 20~200Hz；第二频段可调范围为 200Hz~2kHz；第三频段可调范围为 2~20kHz。

图 2-21 所示为本任务所使用的信号发生器电路原理图，电路中采用双集成运算放大器 TL082，其中 I_{C1} 组成 RC 桥式振荡器，I_{C2} 组成电压跟随器，RC 桥式振荡器产生连续可调的正弦波信号，经电压跟随器缓冲后输出。波段开关 S_1 为双刀联动开关，起频段切换的作用。电位器 RP_1 为双联同轴电位器，起微调频率的作用。RP_2 为输出频率调节。

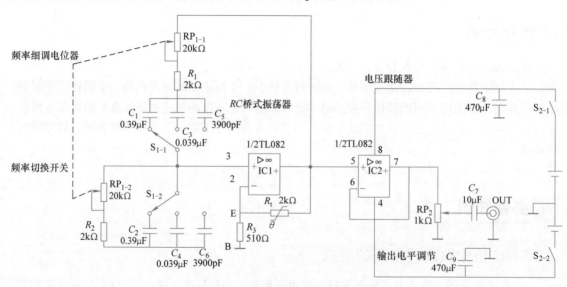

图 2-21   音频信号发生器电路原理图

任务实施

1. 制订实施方案

教学环节	教学内容	学生活动	教师活动	设计意图
学习回顾	复习正弦波振荡电路的作用、结构和分类，复习正弦波振荡电路的起振条件和判定方法	1. 复习并回顾正弦波振荡电路的结构原理、作用及其工作特点 2. 判断正弦波振荡电路的起振条件和应用实例	引导学生发言，在发言后给予点评和总结。观察并记录学生的发言情况	锻炼学生总结归纳的能力，为下一阶段电路安装制作和电路调试做好准备

（续）

教学环节	教学内容	学生活动	教师活动	设计意图
明确任务	1. 明确音频信号发生器电路结构及电路的焊接组装 2. RC 桥式音频信号发生器整机电路的参数调整与波形检测	1. 认识正弦波振荡电路的结构，元器件的作用、功能及其起振条件的判别 2. RC 桥式振荡电路的参数设置、调整和波形检测	1. 明确本次课程要完成的任务 2. 按小组分配实验物品并维持课堂秩序	明确任务
小组分工	按照小组人数进行任务分配	按照小组接收分配的工作任务及领取材料	协调分配各小组任务	分工协作、按部就班
音频信号发生器电路的结构认识	1. 各小组规划任务，并将小组信息、分工情况、任务分配落实成文字信息 2. 阅读并了解音频信号发生器电路的结构和元器件的作用 3. 熟悉 RC 桥式振荡电路的起振条件、电路及波形特点 4. 同相放大电路的反馈识别和稳幅作用 5. RC 桥式电路的参数设置、调整与电路性能（波形失真）测试	1. 完成小组信息整理 2. 阅读和记录各类 RC 桥式振荡电路的电路结构、元器件的作用 3. 集成运算放大电路在电路中的作用及反馈特点 4. 集成运算放大电路、振荡电路的参数设置和波形测试 5. 示波器、万用表的使用 6. 小组内互相讨论实用低频信号发生器的设计、制作、调试、成型的完整作业流程	1. 检查、指导学生认识 RC 低频信号振荡器电路 2. 巡回指导学生对振荡电路认识的记录情况 3. 教师对 RC 桥式电路的结构、元件作用、参数设置、整机电路性能测试有选择地作重点指导	锻炼学生小组合作的工作能力，总结归纳能力
音频信号发生器电路的焊接安装	以小组为单位： 1. 清点电路元器件 2. 阅读装配说明 3. 核对元器件参数并进行元器件插装 4. 元器件焊接与整机装配	1. 按元器件清单识别、核对元器件 2. 按照电路工艺要求进行器件插装、焊接、检查 3. 电路外壳及调节旋钮的安装	1. 指导学生焊接工艺，维持秩序 2. 对学生的焊接装配作重点指导	锻炼对焊接装配工艺的理解，掌握电路制作的基础认识
音频信号发生器电路的性能测试	1. 在教师的指导下认识学习使用和调节示波器的控制面板旋钮观察波形输出情况 2. 学生完成对电路参数的测量、估算与调整，并观察输出波形情况 3. 学生根据电路结构和相关参数分析各类反馈电路对整机电路性能的影响 4. 学生根据电路结构组成判定电路自激条件及波形输出特点 5. 学生填写自我评价表并上交	1. 使用和调节示波器观察波形输出情况 2. 观察电路的自激振荡并检查自己对电路相关参数测量和振荡条件的判定 3. 调整电路输出波形，反复观察负反馈电路的稳幅现象和正反馈的起振现象 4. 确定电路谐振频率 5. 调整电路参数，评定整机电路技术指标	1. 指导学生认识和操作信号发生器；指导学生结合电路参数估算电路谐振频率和谐振条件的判定 2. 检查学生检测波形和参数估算情况并记录；收集学生自我评价表及小组评价表	培养学生根据需要掌握示波器的使用方法并能结合实际对电路的相关参数进行设置、调整、检测的能力培养

（续）

教学环节	教学内容	学生活动	教师活动	设计意图
评价反馈	1.每小组借助白纸等工具展示汇报，并按照学习任务进行逐项汇报，组内其他学生进行适当补充 2.倾听其他小组汇报，记录并提问 3.全部小组汇报完成后，教师点评，对示波器的使用、整机电路参数的设置、调整与检测情况进行总结 4.学生填写自我评价表并上交	1.学生代表汇报，组内其他学生进行适当补充 2.倾听其他学生代表汇报，记录并质疑 3.倾听教师点评及总结，并记录 4.填写自我评价表及小组评价表并上交	1.教师引导学生小组汇报，维持教学秩序 2.观察记录学生汇报情况 3.根据过程记录，点评各小组工作情况 4.收集学生自我评价表及小组评价表 5.填写教师评价表	锻炼学生完成任务的总结归纳能力和演讲表达能力
优化工艺和程序	小组成员根据教师点评、其他小组的完成情况，结合自己的实际，完善工作任务的内容	1.验证自己的检测方法和测量结果 2.归纳电子电路的制作、调试、检修流程 3.总结、归纳常见电子仪器仪表的使用方法和技巧	1.检查学生优化工作的完成情况 2.在工艺优化工作时间结束时收集学生填写的资料	培养学生根据需要修正、归纳、优化操作方案的习惯和追求完美的精神

2. 制作印制电路板

1）音频信号发生器印制电路板如图 2-22 所示。

2）用木板或塑料自制外壳，并按图 2-23 所示开出各个安装孔。

3）将电位器 RP_1 和 RP_2、频段开关 S_1、电源开关 S_2 和输出端插座直接固定在面板上，电路板和电池固定在面板后面，如图 2-24 所示。

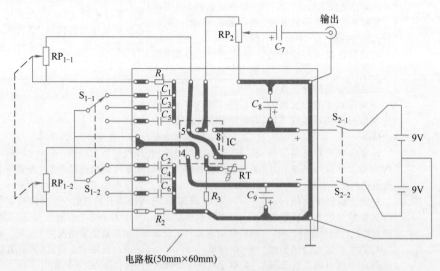

图 2-22　信号发生器印制电路板

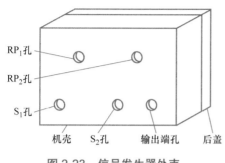

图 2-23 信号发生器外壳

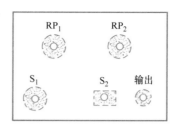

图 2-24 信号发生器整机部件的固定

4）按照图 2-25 所示，用透明有机玻璃板制成一个带刻度线的指针板，粘牢在电位器 RP_1 的旋钮上。

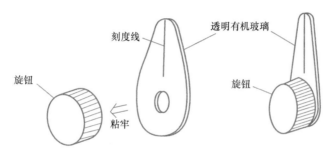

图 2-25 指针板的制作

5）电路安装完毕且检查无误后，接入 +9V 直流电源，用示波器观察输出端的波形，按图 2-26 所示用小螺钉旋具缓慢调节 R_3 使电路起振，并调到示波器显示的正弦波波形最好。

6）按图 2-27 所示，将频率计连接到音频信号发生器的输出端，转动频率细调旋钮（RP_1），根据频率计显示的输出频率数值，画出刻度线并标注信号频率。

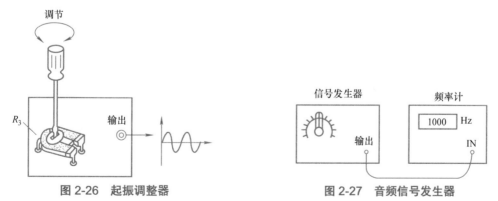

图 2-26 起振调整器　　　　　图 2-27 音频信号发生器

为了提高振荡器的频率稳定度，除了在电路结构上采取措施外，还可从以下几个方面采取措施。

① 尽量减少温度的影响，将振荡放大电路与谐振元件置于恒温环境中，使用空调器使其工作温度基本保持不变，该方法一般用于要求较高的控制设备。

② 谐振元件应选用温度系数很小的元件。

③ 在安装工艺方面要注意消除分布电容和分布电感的影响。

④ 减小负载对振荡电路的影响，一般采用的方法是在振荡电路与负载之间加一个缓冲放大电路，这样负载变化对振荡回路的影响便可大为降低。

⑤ 稳定电源电压，采用稳压电源供电。

⑥ 谐振元件应加以密封和屏蔽，使其不受外界电磁场的影响，不受湿度变化的影响。

？ 想一想

正弦波振荡电路的自激现象和起振条件的判定和设置是怎样的？

任务总结与评价

项目：		班级			
工作任务：		姓名		学号	
任务过程评价（100 分）					
序号	项目及技术要求	评分标准		分值	成绩
1	元器件的检测	元器件型号识读正确，元器件引脚功能判定正确，集成器件的引脚识别正确		20	
2	电路组制作	根据原理图和工艺要求装接电路，元器件整形、焊接质量，电路板的整体布局合理		20	
3	电路调试	输出信号波形，标注输出信号频率		20	
4	外观检查	制作外壳是否牢靠、美观，开关、旋钮调节是否灵敏		20	
5	安全文明操作	遵守安全操作规范，工作台整齐清洁，器件使用与保管符合规定		20	
总评		得分			
		教师签字：		年　月　日	

单元 3

直流稳压电源

3

▌ **学习指南** ▌

当今社会人们极大地享受着电子设备带来的便利，但是任何电子设备都有一个共同的电路——电源电路。大到超级计算机，小到袖珍计算器，所有的电子设备都必须在电源电路的支持下才能正常工作。当然这些电源电路的样式、复杂程度千差万别。超级计算机的电源电路本身就是一套复杂的电源系统。通过这套电源系统，超级计算机各部分都能够得到持续稳定、符合规范的电源供应。袖珍计算器采用的是简单的电池电源电路。即便是这种简单的电池电源电路，比较新型的电路完全具备电池能量提醒、掉电保护等功能。可以说，电源电路是一切电子设备的基础，没有电源电路就不会有种类如此繁多的电子设备。

由于电子技术的特性，电子设备对电源电路的要求就是能够提供持续稳定、能满足负载要求的电能，而且通常情况下都要求提供稳定的直流电能。提供这种稳定直流电能的电源就是直流稳压电源。直流稳压电源在电源技术中占有十分重要的地位。另外，很多电子爱好者在初学阶段经常遇到的就是要解决电源问题；否则电路无法工作，电子制作无法进行，学习也就无从谈起。

本单元主要学习直流稳压电源各部分组成、主要参数、工作原理与选用以及电源板的焊接与调试等，为今后的工作和学习打下坚实的基础。

任务 3-1 认识直流稳压电源

🌾 学习目标

知识目标：
（1）掌握直流稳压电源的组成部分。
（2）掌握稳压电源的主要参数。
能力目标：
能够识别稳压电源各组成部分对应的实际元器件。

重点难点：

（1）直流稳压电源的各个组成部分。

（2）直流稳压电源的正确选型。

👉 学习引导

生活中常用的电器大都需要稳定的直流电源提供。但在人们日常生活、生产中提供电能的主要是交流电源，所以就必须用电源电路将交流电转换成所需的直流电源。比如：手机充电器、万能充电器，都是将交流电转换成需要的直流电。通过本任务的学习将掌握什么是直流稳压电源。

📖 必备知识

1. 直流稳压电源的组成

大多数电子设备工作时都需要稳定的直流电，如计算机、电视机、手机等，但是电网供给的都是交流电，因此需要将交流电转换成能满足直流用电设备所需要的直流电。直流稳压电源就是将交流电转换成直流电的设备。

小功率直流稳压电源一般由电源变压器、整流电路、滤波电路和稳压电路4部分组成，其组成框图如图3-1所示。各组成部分的作用如下。

（1）电源变压器　将电网的220V或380V的交流电压转换成能满足整流电路所需的交流电压，主要起到降压的作用，是一个降压变压器。

（2）整流电路　将大小和方向都变化的交流电变换成单一方向的脉动直流电。

（3）滤波电路　将脉动直流电压中的交流成分过滤掉，转换成较为平滑的直流电压。

（4）稳压电路　使直流电源的输出电压趋于稳定，消除由于电网电压波动、负载变化等对输出电压的影响。

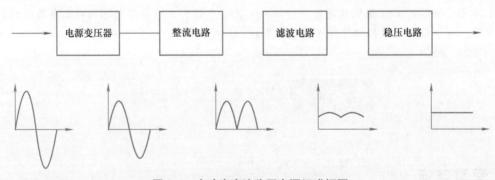

图3-1　小功率直流稳压电源组成框图

2. 直流稳压电源的分类

（1）根据输出功率分类　分为小功率直流稳压电源和大功率直流稳压电压，一般电子设备使用的直流稳压电源都属于小功率直流稳压电源。

（2）根据稳压原理分类　分为并联型稳压电源、串联型稳压电源以及开关型稳压电源三大类。

（3）根据所使用的元件分类　分为分立元件直流稳压电源和集成电路直流稳压电源。

（4）根据输出电压的形式分类　有输出电压固定的直流稳压电源和输出电压可调的直流稳压电源两大类。

3. 稳压电源的主要参数

（1）电压调整率 S_u　负载电流 I_o 及温度 T 不变而输入电压 U_i 变化时，输出电压 U_o 的相对变化量 $\Delta U_o/U_o$ 与输入电压变化量 ΔU_i 的比值，称为电压调整率 S_u，即

$$S_u = \frac{\Delta U_o}{\Delta U_i U_o} \times 100\%$$

一般情况下，S_u 越小，稳定性能越好。

（2）电流调整率 S_i　当输入电压及温度不变，输出电流 I_o 从零变到最大值时，输出电压的相对变化量称为电流调整率 S_i，即

$$S_i = \frac{\Delta U_o}{U_o} \times 100\%$$

一般情况下，S_i 越小，输出电压受负载电流的影响就越小，稳压性能也越好。

（3）输出电阻 R_o　当输入电压和温度不变时，因负载电阻 R_L 变化，导致负载电流变化了 ΔI_o，相应的输出电压变化了 ΔU_o，两者比值的绝对值称为输出电阻 R_o，即

$$R_o = \left| \frac{\Delta U_o}{\Delta I_o} \right|$$

一般情况下，R_o 越小，带负载能力越强。

（4）温度系数 S_T　输入电压 U_i 和负载电流 I_o 不变时，温度变化所引起的输出电压相对变化量 $\Delta U_o/U_o$ 与温度变化量 ΔT 之比，称为温度系数 S_T，即

$$S_T = \frac{\Delta U_o}{\Delta T U_o}$$

一般情况下，S_T 越小，稳压性能越好。

4. 直流稳压电源的选择和正确使用

（1）直流稳压电源的选择　应依据输出电压、负载电流、电压调整率、输出电阻等指标要求进行选择。电压调整率、输出电阻的值越小，输出直流电压就越稳定。

（2）直流稳压电源的正确使用　直流稳压电源在使用过程中，要注意检查输入的交流电源电压是否与要求相符。负载不应出现短路现象，防止直流稳压电源因过电流而损坏。对于输出电压可调的直流稳压电源，在调整输出电压时，其调压旋钮应缓慢调节，不应过快，以防损坏设备。

🔗知识链接

直流稳压电源一般由电源变压器、整流电路、滤波电路和稳压电路 4 部分组成。其中，电

源变压器主要起降压作用；整流电路主要将交流电压转换成脉动直流电压；滤波电路将脉动直流电压中的交流成分过滤掉，转换成较为平滑的直流电压；稳压电路在电网电压波动或负载变化时，自动保持输出稳恒的直流电压。

✍ 学习评价

评价项目	评价内容	评价标准			评价方式			备注
		优（20分）	良（15分）	一般（10分）	自评	互评	师评	
学习态度	1. 学习目标明确，重视学习过程的反思，积极优化学习方法 2. 逐步形成浓厚的学习兴趣 3. 保质保量按时完成作业 4. 重视自主探索、自主学习，拓展视野	积极、热情、主动	积极、热情、但欠主动	态度一般				
学习方式	1. 学生个体的自主学习能力强，会倾听、思考、表达和质疑 2. 学生普遍有浓厚的学习兴趣，在学习过程中参与度高 3. 学生之间能采取合作学习的方式，并在合作中分工明确地进行有序和有效的探究	自主学习能力强，会倾听、思考、表达和质疑	自主学习能力较强，会倾听、思考、表达	自主学习能力一般，会倾听				
合作意识	1. 积极参加合作学习，勇于接受任务、敢于承担责任 2. 加强小组合作，取长补短，共同提高 3. 乐于助人，积极帮助学习有困难的同学 4. 公平、公正地进行自评和互评	合作意识强，组织能力好，与别人互相提高	能与他人合作，并积极帮助有困难的学生	有合作意识，但总结能力不强				
探究活动	1. 积极尝试、体验研究的过程 2. 逐步形成严谨的科学态度、不怕困难的科学精神 3. 善于观察分析，提出有意义的问题	理解深刻	理解较浅	理解模糊				
知识应用	自觉养成应用所学知识解决实际问题的意识，增强综合应用能力	能很灵活地运用知识解决问题	较灵活地运用知识解决问题	应用知识技能一般				
其他附加	情感、态度、价值观的转变	学习态度、认知水平有很大提高	学习态度、认知水平有较大提高	学习态度、认知水平有些提高				

任务 3-2　认识整流电路

学习目标

知识目标：

（1）掌握单相半波整流电路的组成和工作原理。

（2）掌握单相桥式整流电路的组成和工作原理。

（3）掌握三相半波整流电路的组成和工作原理。

（4）掌握三相桥式整流电路的组成和工作原理。

能力目标：

能够识别整流电路的元器件。

重点难点：

桥式整流电路的工作原理。

学习引导

整流器件是整流装置的核心和主体，正确选用整流器件能够使整流装置在保证可靠运行的前提下降低成本。整流器件主要指整流二极管、整流堆以及整流组件等。

必备知识

1. 单相整流电路

（1）单相半波整流电路

1）电路的组成。单相半波整流电路如图 3-2 所示，由电源变压器 T、二极管 VD 组成，R_L 为负载电阻。其中，电源变压器 T 用来将电网 220V 交流电压转换为整流电路所要求的交流低电压，同时保证直流电源与电网电源有良好的隔离。二极管 VD 是整流器件，利用其单向导电的作用完成交流电变换成脉动直流电的任务。

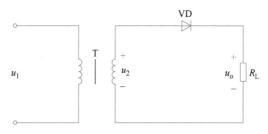

图 3-2　单相半波整流电路

2）工作原理分析。设变压器二次电压 $u_2 = \sqrt{2}U_2 \sin \omega t$。在 u_2 的正半周（$0 \leqslant \omega t \leqslant \pi$）时，如图 3-3 所示，二极管 VD 因正偏而导通，流过二极管的电流 i_D 同时流过负载电阻 R_L，即 $i_D = i_o$，

负载电阻上的电压 $u_o=u_2$。在 u_2 的负半周（$\pi \leqslant \omega t \leqslant 2\pi$）时，二极管因反偏而截止，$i_o=0$，因此，输入电压 $u_o=0$，此时 u_2 全部加在二极管两端，即二极管承受反向电压 $u_D=u_2$。

单相半波整流电路电压与电流波形如图 3-3 所示，负载上的电压是单向脉动电压。由于该电路只在 u_2 的正半周有输出电压，所以称为半波整流电路。

半波整流电路输出脉动直流电压的平均值 U_o 为

$$U_o=0.45U_2$$

负载电流平均值 I_o 为

$$I_o= \frac{U_o}{R_L} =0.45 \frac{U_2}{R_L}$$

二极管的平均电流 I_D 为

$$I_D=I_o$$

二极管承受的反向峰值电压 U_{Rm} 为

$$U_{Rm} = \sqrt{2}U_2$$

3）整流二极管的选择。实际应用中选择二极管时应满足 $I_{FM} \geqslant I_D$，$U_{FM} \geqslant U_{Rm}$。半波整流电路结构简单，使用元器件少，但整流效率低，输出电压脉动较大，因此，它只适用于要求不高的场合。

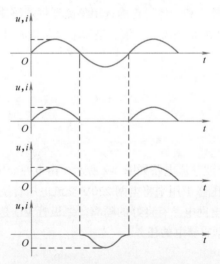

图 3-3　单相半波整流电路电压与电流波形

（2）单相桥式整流电路

1）电路的组成。单相桥式整流电路如图 3-4a 所示，电路由 4 个二极管接成四臂电桥的形式完成整流，故称为桥式整流电路。

2）工作原理。设变压器二次电压为 $u_2 = \sqrt{2}U_2\sin \omega t$，其输入输出波形如图 3-4b 所示。在 u_2 的正半周，即 a 点为正，b 点为负时，整流二极管 VD_1、VD_3 正偏导通，VD_2、VD_4 反偏截止，此时流过负载的电流路径为 a→VD_1→R_L→VD_3→b，负载 R_L 上得到一个半波电压，如图 3-4 中 0～π 所示。若略去二极管的正向电压降，则 $u_o=u_2$。

在 u_2 的负半周，即 a 点为负，b 点为正时，整流二极管 VD_1、VD_3 反偏截止，整流二极管 VD_2、VD_4 正偏导通，此时流过负载的电流路径为 $b \rightarrow VD_2 \rightarrow R_L \rightarrow VD_4 \rightarrow a$，负载 R_L 上得到一个半波电压，如图 3-4 中 $\pi \sim 2\pi$ 所示。若略去二极管的正向电压降，则 $u_o = -u_2$。

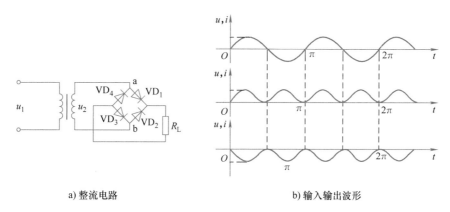

a) 整流电路　　　　　　　　　　　　　b) 输入输出波形

图 3-4　单相桥式整流电路及输入输出波形

由此可见，在交流电压 u_2 的整个周期始终有同方向的电流流过负载电阻 R_L，故 R_L 上得到单方向全波脉动的直流电压。为此，桥式整流电路输出电压为半波整流电路输出电压的两倍，所以桥式整流电路输出电压平均值为

$$U_o = 2 \times 0.45 U_2 = 0.9 U_2$$

桥式整流电路中，由于每两个二极管只导通半个周期，故流过每个二极管的平均电流仅为负载电流的 1/2，即

$$I_D = \frac{1}{2} I_o = \frac{U_o}{2R_L} = 0.45 \frac{U_2}{R_L}$$

在 u_2 的正半周，VD_1、VD_3 正偏导通时，可将它们看成短路，这样 VD_2、VD_4 就并联在 u_2 上，其承受的反向峰值电压与半波整流电路相同，仍为 $U_{Rm} = \sqrt{2} U_2$。

同理，VD_2、VD_4 导通时，VD_1、VD_3 截止，其承受的反向峰值电压也为 $U_{Rm} = \sqrt{2} U_2$。二极管承受的电压如图 3-5 所示。

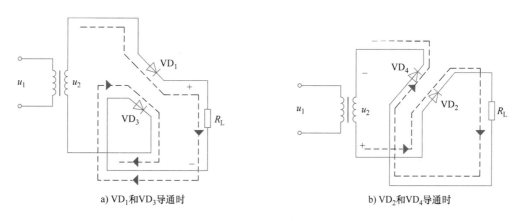

a) VD_1 和 VD_3 导通时　　　　　　　　　b) VD_2 和 VD_4 导通时

图 3-5　二极管承受的电压

3）整流二极管的选择。实际应用中选择二极管时应满足 $I_{FM} \geqslant I_D$、$U_{FM} \geqslant U_{Rm}$。

由以上分析可知，桥式整流电路与半波整流电路相比较，其输出电压 U_o 提高，脉动成分减小了。工程实际应用中，单相桥式整流电路常用习惯画法和简化画法如图 3-6 所示。

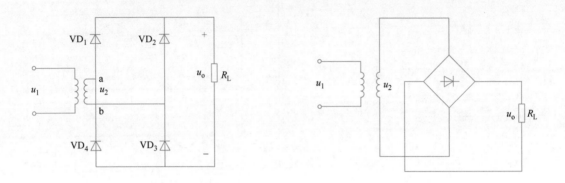

图 3-6　单相桥式整流电路常用习惯画法和简化画法

2. 三相整流电路

单相整流电路输出功率不大，一般不会超过几千瓦，如果负载功率太大，必将会使三相电网不平衡，因此需要大功率直流电源时，一般采用三相整流电路。三相整流电路输出功率大，输出电压脉动小，变压器利用率高，更主要的是不影响三相电网的平衡，所以在电气设备中被广泛应用。

三相整流电路有多种类型，主要有最基本的三相半波整流电路和应用最广泛的三相桥式整流电路两种。

（1）三相半波整流电路

1）电路的组成和工作原理。三相半波整流电路如图 3-7 所示。该电路形式有两种：如图3-7a 所示，VD_1、VD_2、VD_3 的负极接在一起，称为共阴极接法；如图 3-7b 所示，VD_1、VD_2、VD_3 的正极接在一起，称为共阳极接法。R_L 接在公共端 K 和中性点 N 之间。

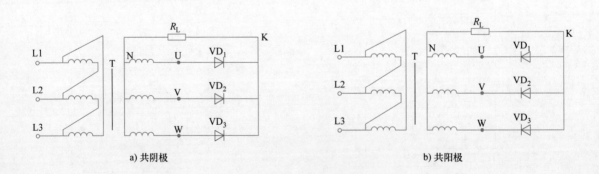

图 3-7　三相半波整流电路

电源变压器一次绕组接成 D，二次绕组接成 Y。二次绕组的相电压是三相对称正弦交流电压。

若二次相电压有效值为 U_2，其各相电压表达式如下。

对 U 相，有

$$u_U = \sqrt{2}U_2\sin\omega t$$

对 V 相，有

$$u_V = \sqrt{2}U_2\sin(\omega t - 2\pi/3)$$

对 W 相，有

$$u_W = \sqrt{2}U_2\sin(\omega t + 2\pi/3)$$

二次相电压波形如图 3-8 所示。

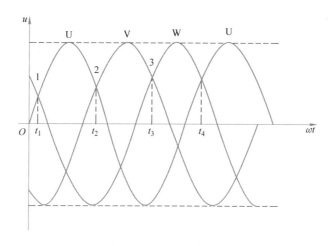

图 3-8　二次相电压波形

三相半波整流电路的电源由三相整流变压器供电，也可直接由三相四线制交流电网供电。

以共阴极电路为例，将输入电压波形的一个周期从 t_1~t_4 分成 3 等份。在每 1/3 周期内，相电压 u_{2U}、u_{2V}、u_{2W} 中总有一个是最高的，哪只二极管正极电位最高，则哪只二极管优先导通。三相半波整流电路的工作情况如下。

在 t_1~t_2 时间内，U、V、W 三点中 U 相电压最高，所以 VD_1 优先导通，K 点电位等于 U 点电位，而 VD_2、VD_3 因承受反向电压而截止。电流通路为 U → VD_1 → R_L → N，负载输出电压 $u_L = u_U$。

在 t_2~t_3 时间内，U、V、W 三点中 V 相电压最高，所以 VD_2 优先导通，而 VD_1、VD_3 因承受反向电压而截止。电流通路为 V → VD_2 → R_L → N，负载输出电压 $u_L = u_V$。

在 t_3~t_4 时间内，U、V、W 三点中 W 相电压最高，VD_3 优先导通，VD_1、VD_2 因承受反向电压截止。电流通路为 W → VD_3 → R_L → N，负载输出电压 $u_L = u_W$。

依此类推，VD_1、VD_2、VD_3 这 3 只二极管在一个周期中轮流导通，每只二极管各导通 120°，负载 R_L 上的电流方向保持不变。

负载上获得的输出电压波形是二次绕组相电压在正半周的包络线，在一个周期内出现了 3 个波峰，输出电压为正压输出，其脉动程度显然比单相整流电路小。同样，共阳极电路输出电压的波形为二次绕组相电压负半周的包络线，输出为负压输出。

显然，从图中看出 t_1、t_2、t_3 等分别是 3 只整流管导通的起始点（即 1、2、3 等点），每过其中一点，电流就从前相变换到后相，因这种换相是靠三相交流电压变化自然进行的，故这些点称为自然换相点。

2）电路的主要参数。三相半波整流电路输出电压的平均值为

$$U_L=1.17U_2$$

三相半波整流电路输出电流的平均值为

$$I_L=\frac{U_L}{R_L}$$

三相半波整流电路通过二极管的平均电流为

$$I=\frac{1}{3}I_L$$

三相半波整流电路二极管承受的最大反向电压为

$$U_{Rm}=\sqrt{2}\sqrt{3}U_2=2.45U_2$$

实际选择二极管时，应满足 $I_{FM} \geqslant I_F$，$U_{FM} \geqslant U_{Rm}$。

3）电路的特点。电路比较简单，但输出电压仍有一定的脉动，一次、二次绕组每相只工作 1/3 周期，变压器利用率不高，而且通过二次绕组的直流电流会使变压器铁心趋于磁饱和，因此在应用上受到一定的限制。

（2）三相桥式整流电路

1）电路的组成和工作原理。图 3-9 所示为应用最广泛的三相桥式整流电路，它是由两个三相半波整流电路串联组合而成的。VD_1、VD_2、VD_3 组成共阴极连接的三相半波整流电路，接于 E 点；VD_4、VD_5、VD_6 组成共阳极连接的三相半波整流电路，接于 F 点。负载 R_L 接在 E、F 两点之间。

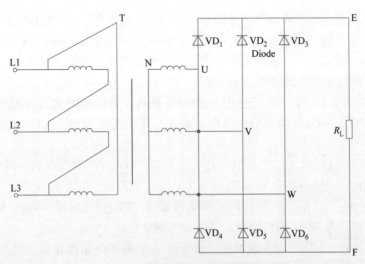

图 3-9　三相桥式整流电路

将输入电压波形各周期从 $t_1 \sim t_7$ 分成 6 等份，如图 3-10 所示。在每 1/6 周期时间内，相电压 u_{2U}、u_{2V}、u_{2W} 中总有一个是最高值，一个是最低值，对于共阴极组连接的 3 只二极管，哪只二

极管正极电位最高，哪只二极管优先导通；对于共阳极组连接的 3 只二极管，哪只二极管负极电位最低，哪只二极管优先导通。三相桥式整流电路的工作情况如下。

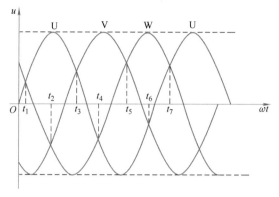

图 3-10　三相桥式整流电路波形

在 $t_1 \sim t_2$ 时间内，U 相电压最高，共阴极组中，VD_1 优先导通；共阳极组中，V 相电位最低，VD_5 优先导通，其余二极管截止，电流通路为 U → VD_1 → R_L → VD_5 → V。这时 $u_L = u_{UV}$。

在 $t_2 \sim t_3$ 时间内，U 相电压仍最高，VD_1 继续导通，而 W 相电压变得最低，因此，VD_1 与 VD_6 串联导通，其余二极管反向截止，电流通路为：U → VD_1 → R_L → VD_6 → W。这时，$u_L = u_{UW}$。

在 $t_3 \sim t_4$ 时间内，V 相电压最高，W 相电压仍最低，共阴极组的二极管由 VD_1 换为 VD_2 导通，因此 VD_2 与 VD_6 串联导通，电流通路为 V → VD_2 → R_L → VD_6 → W。这时，$u_L = u_{VW}$。

依此类推，不难得出以下结论：在任一瞬间，共阴极组和共阳极组中各有一只二极管导通，每只二极管在一个周期内导通 120°，负载上获得的脉动直流电压是线电压 u_{UV}、u_{UW}、u_{VW}、u_{VU}、u_{WU}、u_{WV} 波顶连线。

2）电路的主要参数。三相桥式整流电路输出电压的平均值为

$$U_L = 2.34 U_2$$

三相桥式整流电路输出电流的平均值为

$$I_L = \frac{U_L}{R_L}$$

三相桥式整流电路通过二极管的平均电流为

$$I_F = \frac{1}{3} I_L$$

三相桥式整流电路二极管承受的最大反向电压为

$$U_{Rm} = \sqrt{2}\sqrt{3}U_2 = 2.45 U_2$$

实际选择二极管时应满足 $I_{FM} \geq I_F$、$U_{FM} \geq U_{Rm}$。

3）电路的特点。变压器利用率较高，输出电压比三相半波整流电路提高了一倍，且脉动变化较小，广泛应用于要求输出电压高、脉动变化小的电气设备中。目前已做成整流桥，应用非常方便。

知识链接

　　整流桥是将整流电路的 4 只二极管制作在一起，封装成为一个器件，有 4 个引脚，两只二极管负极的连接点是全桥直流输出端的正极，另两只二极管正极的连接点是全桥直流输出端的负极。整流桥分为全桥和半桥。全桥是将连接好的桥式整流电路的 4 只二极管封装在一起。半桥是将 4 只二极管桥式整流的一半封装在一起，用两个半桥可组成一个桥式整流电路，一个半桥也可以组成变压器带中心抽头的全波整流电路，选择整流桥时要考虑整流电路和工作电压。

　　全桥的正向电流有 0.5A、1A、1.5A、2A、2.5A、3A、5A、10A、20A、35A 和 50A 等多种规格，耐压值（最高反向电压）有 25V、50V、100V、200V、300V、400V、500V、600V、800V 和 1000V 等多种规格。

　　一般整流桥命名中有 3 个数字，第一个数字代表额定电流（单位为 A），后两个数字代表额定电压 (数字 ×100)V。例如，KBL410 即 4A，1000V；RS507 即 5A，700V。常用的国产全桥有 YF 系列，进口全桥有 ST、IR 等。

学习评价

评价项目	评价内容	评价标准			评价方式			备注
		优（20分）	良（15分）	一般（10分）	自评	互评	师评	
学习态度	1.学习目标明确，重视学习过程的反思，积极优化学习方法 2.逐步形成浓厚的学习兴趣 3.保质保量按时完成作业 4.重视自主探索、自主学习，拓展视野	积极、热情、主动	积极、热情但欠主动	态度一般				
学习方式	1.学生个体的自主学习能力强，会倾听、思考、表达和质疑 2.学生普遍有浓厚的学习兴趣，在学习过程中参与度高 3.学生之间能采取合作学习的方式，并在合作中分工明确地进行有序和有效的探究	自主学习能力强，会倾听、思考、表达和质疑	自主学习能力较强，会倾听、思考、表达	自主学习能力一般，会倾听				
合作意识	1.积极参加合作学习，勇于接受任务、敢于承担责任 2.加强小组合作，取长补短，共同提高 3.乐于助人，积极帮助学习有困难的同学 4.公平、公正地进行自评和互评	合作意识强，组织能力好，与别人互相提高	能与他人合作，并积极帮助有困难的学生	有合作意识，但总结能力不强				

（续）

评价项目	评价内容	评价标准			评价方式			备注
		优（20分）	良（15分）	一般（10分）	自评	互评	师评	
探究活动	1. 积极尝试、体验研究的过程 2. 逐步形成严谨的科学态度，不怕困难的科学精神 3. 善于观察分析，提出有意义的问题	理解深刻	理解较浅	理解模糊				
知识应用	自觉养成应用所学知识解决实际问题的意识，增强综合应用能力	能很灵活地运用知识解决问题	较灵活地运用知识解决问题	应用知识技能一般				
其他附加	情感、态度、价值观的转变	学习态度、认知水平有很大提高	学习态度、认知水平有较大提高	学习态度、认知水平有些提高				

任务 3-3　认识滤波电路

学习目标

知识目标：
掌握滤波电路的滤波原理，会画滤波电路及其波形图。

能力目标：
能够根据不同的滤波电路，选择合适的元器件。

重点难点：
滤波电路的工作原理。

学习引导

交流电经整流虽已转变成脉动直流电，但含有较大的交流分量，这种不平滑的直流电仅能在电镀、电焊、蓄电池充电等要求不高的设备中使用，不能适应大多数电子电路和设备的需要。为了得到平滑的直流电，一般在整流电路之后需要接入滤波电路，把脉动直流电的交流成分滤掉。常用的滤波电路有电容滤波电路、电感滤波电路和复式滤波电路等。

📖 必备知识

1. 电容滤波电路

（1）单相半波整流电容滤波电路　在整流电路输出端与负载电阻 R_L 并联一个较大电容 C，便构成了电容滤波电路，如图 3-11 所示。

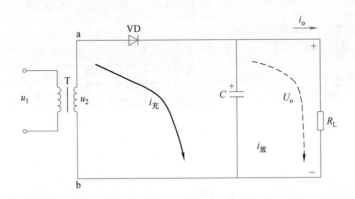

图 3-11　单相半波整流电容滤波电路

设电容两端初始电压为零，并假设在 $t=0$ 时接通电路，当 u_2 为正半周且 u_2 由 0V 上升时，二极管 VD 导通，C 被充电，同时电流经二极管 VD 向负载电阻供电。如果忽略二极管正向电压降和变压器内阻电压降，则 $u_o=u_C=u_2$，在 u_2 达到最大值时，u_C 也达到最大值，然后 u_2 按正弦规律下降，此时，$u_C > u_2$，二极管 VD 截止，电容 C 向负载电阻 R_L 放电，由于放电电路电阻较大，电容放电较慢，u_C 近似以直线规律缓慢下降；当 u_C 下降到 $u_2 > u_C$ 时，二极管 VD 又导通，电容 C 再次被充电，输出电压 u_o 随输入电压 u_2 的增加而增加，接下来，电容 C 再次经 R_L 放电，通过这种周期性充放电，从而可以达到滤波的效果。

由以上分析可知，由于电容不断充、放电，使得输出电压的脉动程度减小，而其输出电压的平均值有所提高。输出电压的平均值 U_o 的大小与 $R_L C$ 的值有关，$R_L C$ 值越大，电容 C 放电越慢，U_o 越大，滤波效果越好。当 $R_L= \infty$ 时，即负载开路时，C 无放电电路，$U_o=U_C=\sqrt{2}U_2$。由此可见，电容滤波电路适用于负载电流较小的场合。

为了获得良好的滤波效果，一般取

$$R_L C \geqslant (3\sim5)T/2$$

式中，T 为整流电路输入交流电压的周期。此时，输出电压 $U_o \approx U_2$。

（2）单相桥式整流电容滤波电路　图 3-12 所示为单相桥式整流电容滤波电路。

由图 3-12 可知，单相桥式整流电容滤波电路在 u_2 的一个周期内电容充放电各两次，输出电压的波形更加平滑，输出电压的平均值进一步得到提高，滤波效果更加理想。

单相桥式整流电容滤波电路输出电压平均值为 $U_o=1.2U_2$。

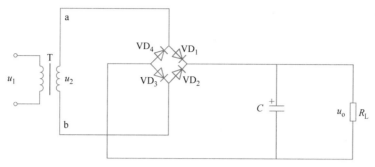

图 3-12　单相桥式整流电容滤波电路

2. 电感滤波电路

由于通过电感的电流不能突变，用一个大电感与负载串联，使流过负载的电流因不能突变而变得平滑，输出电压的波形平稳，从而实现滤波。电感滤波是因为电感对交流成分呈现很大的阻抗，频率越高，感抗越大，则交流成分电压绝大部分降到电感上，电感对直流没有电压降，若忽略导线电阻，直流均落在负载上，以达到滤波的目的。桥式整流电感滤波电路如图 3-13 所示。

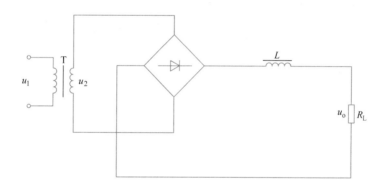

图 3-13　桥式整流电感滤波电路

由于电感电压降的影响，输出电压平均值 U_o 略小于整流电路输出电压的平均值。如果忽略电感线圈的电阻，则 $U_o \approx 0.9U_2$。为了提高滤波效果，要求电感的感抗 $\omega L >> R_L$，所以滤波电感一般采用带铁心的电感。

3. 复式滤波电路

为了进一步减小输出电压的脉动程度，可以用电容和带铁心的电感组成各种形式的复式滤波电路。电感型 LC 滤波电路如图 3-14 所示。整流输出电压中的交流成分绝大部分降落在电感上，电容 C 又对交流成分进行二次滤波，故输出电压中交流成分很小，几乎是一个平滑的直流电压。

由于整流后先经电感 L 滤波，总特性与电感滤波电路相近，所以称为电感型 LC 滤波电路。电路的输出电压较低，若将电容平移到电感 L 之前，则称为电容型 LC 滤波电路，该电路输出电压较高，但通过二极管的电流有冲击现象。

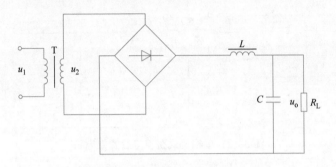

图 3-14　电感型 LC 滤波电路

知识链接

1. 桥式整流电容滤波电路输出特性（外特性）

描述电容滤波电路输出电压与负载电流关系的曲线称为输出特性，如图 3-15 所示。由图 3-15 可见，负载电流越小，输出电压越高，随着负载电流的增加，输出电压将减小，所以电容滤波电路适用于输出电压较高、负载电流较小且负载变动不大的场合。

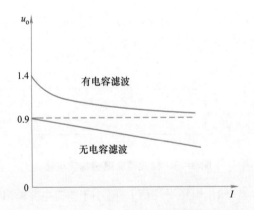

图 3-15　桥式整流电容滤波电路的输出特性

2. 二极管的选择

电容滤波电路通过二极管的电流有一定冲击，所以选择二极管参数时必须留有足够的电流裕量，一般取实际负载电流的 2~3 倍。

3. 电容器耐压的选择

电容器承受的最高峰值电压为 $\sqrt{2}U_2$，考虑到交流电源电压的波动，滤波电容器的耐压常取 $(1.5\sim2)U_2$。

✍ 学习评价

评价项目	评价内容	评价标准			评价方式			备注
		优 （20分）	良 （15分）	一般 （10分）	自评	互评	师评	
学习态度	1.学习目标明确，重视学习过程的反思，积极优化学习方法 2.逐步形成浓厚的学习兴趣 3.保质保量按时完成作业 4.重视自主探索、自主学习，拓展视野	积极、热情、主动	积极、热情但欠主动	态度一般				
学习方式	1.学生个体的自主学习能力强，会倾听、思考、表达和质疑 2.学生普遍有浓厚的学习兴趣，在学习过程中参与度高 3.学生之间能采取合作学习的方式，并在合作中分工明确地进行有序和有效的探究	自主学习能力强，会倾听、思考、表达和质疑	自主学习能力较强，会倾听、思考、表达	自主学习能力一般，会倾听				
合作意识	1.积极参加合作学习，勇于接受任务、敢于承担责任 2.加强小组合作，取长补短，共同提高 3.乐于助人，积极帮助学习有困难的同学 4.公平、公正地进行自评和互评	合作意识强，组织能力好，与别人互相提高	能与他人合作，并积极帮助有困难的学生	有合作意识，但总结能力不强				
探究活动	1.积极尝试、体验研究的过程 2.逐步形成严谨的科学态度，不怕困难的科学精神 3.善于观察分析，提出有意义的问题	理解深刻	理解较浅	理解模糊				
知识应用	自觉养成应用所学知识解决实际问题的意识，增强综合应用能力	能很灵活地运用知识解决问题	较灵活地运用知识解决问题	应用知识技能一般				
其他附加	情感、态度、价值观的转变	学习态度、认知水平有很大提高	学习态度、认知水平有较大提高	学习态度、认知水平有些提高				

任务 3-4 认识稳压电路

学习目标

知识目标：

（1）熟悉稳压二极管的工作特性和主要参数。

（2）掌握简单稳压电路的组成、稳压原理及电路特点。

能力目标：

能够认识稳压电路的元器件。

学习引导

交流电经整流、滤波后已经变成比较平滑的直流电，但还不够稳定，如果电源电压波动或负载发生变化，输出直流电压也随着变化。例如，电网电压升高时，输出的直流电压必然增大；又如负载增加，负载电流增大，负载上的电压相应减小。为了获得稳定性良好的直流电源，在整流滤波之后还要接入稳压电路。

目前，中小功率设备中广泛采用的稳压电路有并联型稳压电路、串联型稳压电路和集成稳压电路等。

必备知识

1. 稳压二极管及其主要参数

（1）稳压二极管　稳压二极管是采用硅半导体材料通过特殊工艺制造的，专门工作在反向击穿区的一个平面型二极管。其由于能稳压，所以称为稳压二极管，简称稳压管。其伏安特性和符号如图 3-16 所示。

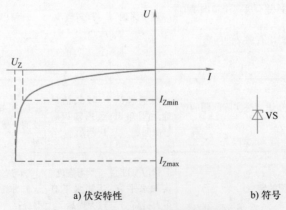

a) 伏安特性　　　　　　　b) 符号

图 3-16　稳压二极管的伏安特性和符号

由伏安特性曲线可以看出，稳压二极管正向特性与普通二极管相似，而其反向击穿特性曲线很陡。

在正常情况下，稳压二极管工作在反向击穿区，由于曲线很陡，反向电流在很大范围内变化时其两端电压却基本保持不变，因而具有稳压作用。只要控制反向电流不超过一定数值，稳压二极管就不会因过热而损坏。

那么，为什么普通二极管不允许工作在反向击穿区，而稳压二极管却可以工作在反向击穿区呢？这是因为普通二极管进入击穿区后，如果反向电压再增加，反向电流就会急剧上升，温度升高，超出普通二极管的最大耗散功率，会导致普通二极管 PN 结发热烧毁。而稳压二极管是采用特殊工艺制造的，它的 PN 结可承受较大的反向电流和耗散功率，因此可以工作在反向击穿区。

（2）稳压二极管的主要参数

1）稳定电压 U_Z。稳压二极管的反向击穿电压称为稳定电压，它是指稳压二极管正常工作时两端的电压。

2）稳定电流 I_Z。稳压二极管能稳压的最小电流。

3）最大耗散功率 P_{ZM} 和最大稳定电流 I_{ZM}。P_{ZM} 和 I_{ZM} 是为了保证稳压二极管不因过热击穿而规定的极限参数，由稳压二极管允许的最高结温决定，即 $P_{ZM}=U_Z I_{ZM}$。

4）动态电阻 r_Z。动态电阻是稳压范围内电压变化量与相应的电流变化量之比，即 $r_Z=\Delta U_Z/\Delta I_Z$，该值越小越好。

2. 并联型稳压电路

并联型稳压电路（又称为稳压二极管稳压电路）如图 3-17 所示。它由稳压二极管 VS 和限流电阻 R_1 组成。U_i 是稳压电路的输入电压，稳压电路的输出电压就是稳压二极管的稳定电压，即 $U_o=U_Z$。

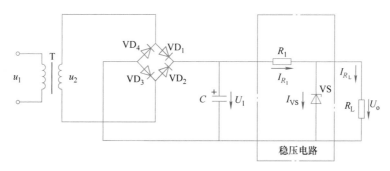

图 3-17　并联型稳压电路

稳压过程如下。

若电网电压 $U_L \uparrow \rightarrow U_i \uparrow \rightarrow U_o \uparrow \rightarrow I_V \uparrow \rightarrow I_{R_1} \uparrow \rightarrow U_{R_1} \uparrow \rightarrow U_o \downarrow$。

结果使输出电压基本稳定。

若负载电阻 $R_L \downarrow \rightarrow U_o \downarrow \rightarrow I_V \downarrow \rightarrow I_{R_1} \downarrow \rightarrow U_{R_1} \downarrow \rightarrow U_o \uparrow$，结果也使输出电压基本稳定。

上述过程说明稳压二极管起到了稳压作用，同时可以看到，电阻 R_1 在稳压过程中既起到了限流作用又起到了电压的调整作用，只有稳压二极管的稳压作用与 R_1 的调压作用相配合，才能使稳压电路具有良好的稳压效果。

并联型稳压电路可以使输出电压保持稳定，但稳压值不能随意调节，而且输出电流很小，一般只有 20~40mA。为了加大输出电流，并使输出电压可调节，常使用串联型稳压电路。

并联型稳压电源适用于输出电压固定、输出电流不大，且负载变动不大的场合。

3. 串联型稳压电路

（1）串联型稳压电路的组成　串联型稳压电路框图如图 3-18 所示。它由电压调整环节（又称为调整管）、比较放大电路、基准电路和取样电路等部分组成。由于调整管与负载串联，故称为串联型稳压电路。图 3-19 所示为串联型稳压电路的工作原理，图中 VT_1 为调整管，它工作在线性放大区，故又称为线性稳压电源。一般 U_i 要比 U_o 大 3~8V，才能保证调整管 VT_1 工作在线性区。R 和稳压二极管 VD 组成基准电路提供基准电压 U_Z；R_1 和 VT_2 组成比较放大电路；R_2、RP 和 R_3 组成取样电路，R_L 为负载电阻。

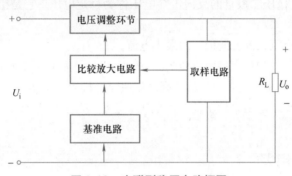

图 3-18　串联型稳压电路框图

（2）串联型稳压电路的稳压原理　$U_o=U_i-U_{CE1}$，当 U_i 增加或输出电流减小使 U_o 升高时，有 $U_o\uparrow \to U_{B2}\uparrow \to U_{BE2}\uparrow$（$U_{BE2}=U_{B2}-U_Z$）$\to I_{B2}\uparrow \to I_{C2}\uparrow \to U_{C2}$（$U_{B1}$）$\downarrow \to I_{C1}\downarrow \to U_{CE1}\uparrow \to U_o\downarrow$，使输出电压基本保持不变。

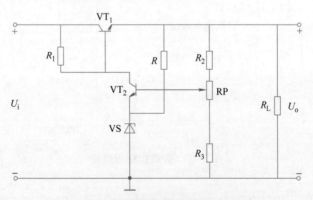

图 3-19　串联型稳压电路的工作原理

当 U_i 减少或输出电流增大使 U_o 降低时，有 $U_o\downarrow \to U_{B2}\downarrow \to U_{BE2}\downarrow \to I_{B2}\downarrow \to I_{C2}\downarrow \to U_{C2}$（$U_{B1}$）$\uparrow \to I_{C1}\uparrow \to U_{CE1}\downarrow \to U_o\uparrow$，使输出电压基本保持不变。

知识链接

常见稳压二极管的主要参数见表 3-1。

表 3-1　常见稳压二极管的主要参数

型号	稳定电压 /V	稳定电流 /mA	最大稳定电流 /A	最大耗散功率 /W	动态电阻 /Ω	温度系数
2CW52	3.2~4.5	10	55	0.25	<70	−0.080%
2CW57	8.5~9.5	5	26	0.25	<20	0.080%
2CW23A	17~22	12	4	0.2	<80	≤ 0.08%
2CW21A	4~5.5	13	30	0.25	<40	0%~0.04%
2CW15	7~8.5	14	10	0.25	≤ 10	0.070%
2DW230	5.8~6.6	15	10	<0.20	<25	0.005%

学习评价

评价项目	评价内容	评价标准			评价方式			备注
		优（20分）	良（15分）	一般（10分）	自评	互评	师评	
学习态度	1. 学习目标明确，重视学习过程的反思，积极优化学习方法 2. 逐步形成浓厚的学习兴趣 3. 保质保量按时完成作业 4. 重视自主探索、自主学习，拓展视野	积极、热情、主动	积极、热情但欠主动	态度一般				
学习方式	1. 学生个体的自主学习能力强，会倾听、思考、表达和质疑 2. 学生普遍有浓厚的学习兴趣，在学习过程中参与度高 3. 学生之间能采取合作学习的方式，并在合作中分工明确地进行有序和有效的探究	自主学习能力强，会倾听、思考、表达和质疑	自主学习能力较强，会倾听、思考、表达	自主学习能力一般，会倾听				
合作意识	1. 积极参加合作学习，勇于接受任务、敢于承担责任 2. 加强小组合作，取长补短，共同提高 3. 乐于助人，积极帮助学习有困难的同学 4. 公平、公正地进行自评和互评	合作意识强，组织能力好，与别人互相提高	能与他人合作，并积极帮助有困难的学生	有合作意识，但总结能力不强				
探究活动	1. 积极尝试、体验研究的过程 2. 逐步形成严谨的科学态度，不怕困难的科学精神 3. 善于观察分析，提出有意义的问题	理解深刻	理解较浅	理解模糊				

（续）

评价项目	评价内容	评价标准			评价方式			备注
		优（20分）	良（15分）	一般（10分）	自评	互评	师评	
知识应用	自觉养成应用所学知识解决实际问题的意识，增强综合应用能力	能很灵活地运用知识解决问题	较灵活地运用知识解决问题	应用知识技能一般				
其他附加	情感、态度、价值观的转变	学习态度、认知水平有很大提高	学习态度、认知水平有较大提高	学习态度、认知水平有些提高				

任务 3-5　电源板的焊接与调试

学习目标

知识目标：

认识各类元器件及其极性与方向。

能力目标：

（1）能够正确安装元器件以及焊接 PCB 板。

（2）能够正确识别元器件的极性与方向。

（3）能够正确组装电源板。

（4）能够使电源板正常工作。

任务描述

任何电子产品，从几个零件构成的整流器到成千上万个零部件组成的计算机系统，都是由基本的电子元器件构成，并按电路工作原理用一定的工艺方法连接而成的。虽然元器件的连接方法有多种（如绕接、压接、黏结等），但使用最广泛的是锡焊。怎样正确安装元器件以及焊接印制电路板（PCB 板）呢？

任务分析

本任务主要是能够正确安装元器件以及焊接 PCB 板。要求掌握锡焊技能和基本的焊接知识，在焊接时既要追求效率又要保证质量。

必备知识

图 3-20 所示为电源板电气原理。这是使用 LM2596 搭建的直流可调电源，输出电压范围为 1.2~2.4V。表 3-2 是相应的元器件清单。

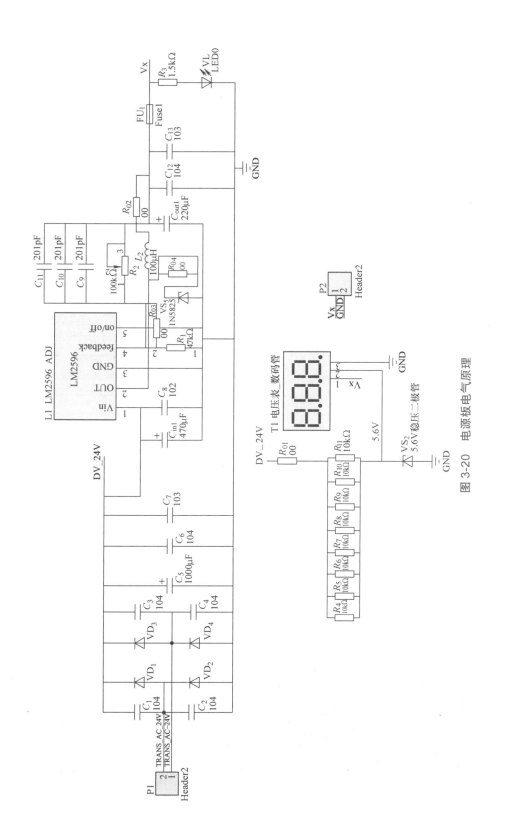

图 3-20　电源板电气原理

表 3-2　直流可调电源元器件清单

名称	型号参数	标号	封装	个数
独石电容	104	C_1，C_2，C_3，C_4，C_6，C_{12}	直插	6
	103	C_7，C_{13}	直插	2
	102	C_8	直插	1
	201pF	C_9，C_{10}，C_{11}	直插	3
电解电容	1000μF，470μF，220μF	C_5，C_{in1}，C_{out1}	直插	3
二极管	1N4007	VD_1，VD_2，VD_3，VD_4	直插	4
	SR2100	VS	直插	1
发光二极管	LED0	VL	直插	1
稳压二极管	1N4738	VS（8.2V 稳压二极管）	直插	1
熔丝	30/110	FU_1 自恢复熔丝	直插	1
芯片	LM2596_ADJ	L_1	直插	1
散热片	（不带脚）			1
屏蔽电感	100μH	L_2	直插	1
端子		P_1，P_2 端子（5.08mm）	直插	2
电阻	00	R_{01}，R_{02}，R_{03}，R_{04}	直插	4
	4.7kΩ	R_1	直插	1
	1.5kΩ	R_3	直插	1
	10k	R_4，R_5，R_6，R_7，R_8，R_9，R_{10}，R_{11}	直插	8
电压表数码管		T_1 电压变数码管	直插	1
变压器		24V 输出 10W 工频	直插	1
单联电位器	100kΩ	R_2（单联电位器立式）		1
圆头螺钉	3mm×8mm			4
螺母	3mm			4
透明有机玻璃		长方体 10mm×10mm×6.5cm		1
双通铜柱	M3×10mm			4
圆头螺钉	M3×5mm			8
船型开关	10×15mm			1

该电源板的 PCB 板属于单面 PCB 板，如图 3-21 所示，电源板元器件清单见表 3-3。

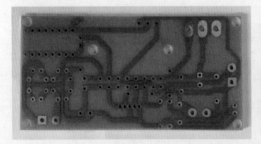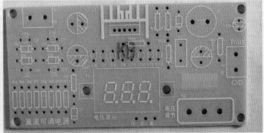

图 3-21　电源板的 PCB 板

表 3-3　电源板元器件清单

元件类别	元件名称	实物图片	元器件极性说明	PCB 丝印符号	PCB 丝印极性说明
电容	直插电解电容		阴影部分带"—"标识一侧为负极		丝印符号中"＋"表示正极,斜线阴影端表示负极
					丝印符号中小扇形一端为负极
					丝印符号中有两条线一端为负极
					丝印符号中边缘有黑色阴影一端为负极
	贴片电解电容		元件本体上部黑色阴影一侧为负极		丝印缺角对应元件本体,下端缺角一般表示正极
二极管	插件二极管	检波二极管	器件本体有灰色较粗阴影线一端为负极		丝印符号三角形顶端有横线一侧为负极
		整流二极管	器件本体有黑色较粗阴影线一端为负极		丝印框内有横线一端为负极
					丝印框有黑色阴影一侧为负极
	贴片二极管		器件本体有蓝或黑色较粗阴影线一端为负极		丝印符号三角形有横线一端为负极,丝印框有缺角的一端为负极
		SS12	器件本体有灰色较粗阴影线一端为负极		丝印框线体较粗的一端为负极
	发光二极管		1. 本体内引脚面积较大一边为负极 2. 元件脚较短的一边为负极 实际作业过程中需测量确定		丝印圆圈有缺口的一边为负极
					丝印圆圈内有线条一边为负极

任务实施

1. 电源板的组装

根据元器件的极性以及 PCB 丝印标识将元器件焊接到 PCB 板上。

> **!注意**　掌握好电烙铁的温度和焊接时间，选择恰当的烙铁头和焊点的接触位置，才可能得到良好的焊点。

正确的手工焊接操作过程可以分成 5 个步骤，如图 3-22 所示。

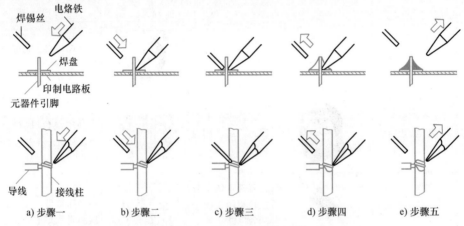

a) 步骤一　　b) 步骤二　　c) 步骤三　　d) 步骤四　　e) 步骤五

图 3-22　手工焊接操作过程

（1）步骤一，准备施焊。如图 3-22a 所示，左手拿焊丝，右手握电烙铁，进入备焊状态。要求烙铁头保持干净，无焊渣等氧化物，并在表面镀有一层焊锡。

（2）步骤二，加热焊件。如图 3-22b 所示，烙铁头靠在两焊件的连接处，加热整个焊件全体，时间为 1~2s。对于在印制电路板上焊接元器件来说，要注意使烙铁头同时接触两个被焊接物。例如，图 3-22b 中的导线与接线柱、元器件引线与焊盘要同时均匀受热。

（3）步骤三，送入焊丝。如图 3-22c 所示，焊件的焊接面被加热到一定温度时，焊锡丝从烙铁对面接触焊件。注意：不要把焊丝送到烙铁头上。

（4）步骤四，移开焊丝。如图 3-22d 所示，当焊丝熔化一定量后，立即向左上 45° 方向移开焊丝。

（5）步骤五，移开电烙铁。如图 3-22e 所示，焊锡浸润焊盘和焊件的施焊部位以后，向右上 45° 方向移开电烙铁，结束焊接。从步骤三开始到步骤五结束，时间也就 1~2s。图 3-23 所示为焊接好的电源板。

> 　**提示**　将电路板焊接完成，完成焊接后记得要将过长剩余的元器件引脚剪掉。

图 3-23　焊接好的电源板

2. 电源板的调试

做好安全检查之后，通电测试，如图 3-24 所示。

图 3-24　测试

提示

如果 PCB 板上线路存在断路问题，可以使用导线进行飞线连接，如图 3-25 所示。

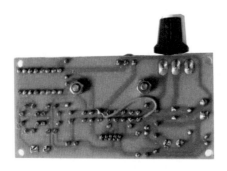

图 3-25　飞线连接

将故障排除后，如果数码管显示的电压与万用表测得的电压大致相等，则说明该电源板已可正常工作。

任务总结与评价

项目:		班级			
工作任务:		姓名		学号	

任务过程评价（100 分）

序号	项目及技术要求	评分标准	分值	成绩
1	小组合作执行力	分工合理，全员参与，1 人不积极参与扣 5 分	25	
2	极性判别	挡位选择正确，读数正确，极性判别正确	15	
3	性能好坏的判别	材料类型、开路还是短路判别正确	15	
4	在路测量电压	正常 / 偏高 / 偏低	15	
5	分析质量；总结操作注意事项	观点明确，讲解正确，语言流畅	15	
6	挡位选择合适；结束测量后，万用表置于 OFF 挡	挡位选错扣 5 分；结束后未置于 OFF 挡	15	
总评		得分		
		教师签字：	年 月 日	

数字电路基础

在电子技术中，被传递和处理的信号可分为两大类：一类是模拟信号，它在时间和数值上均是连续变化的，如收音机、电视机接收到的声音和图像信号；另一类是数字信号，它在时间和数值上都是离散的、不连续的。数字电子技术则是有关数字信号的产生、整形、编码、存储和传输的科学技术，处理数字信号的电子电路称为数字电路。

数字电子技术主要研究各种逻辑门电路、集成器件的功能及其应用、组合逻辑门电路和时序电路的分析和设计、集成芯片各引脚功能及 555 定时器等。随着计算机科学与技术突飞猛进地发展，用数字电路进行信号处理的优势也更加突出。为了充分发挥和利用数字电路在信号处理上的强大功能，可以先将模拟信号按比例转换成数字信号，然后送到数字电路进行处理，最后再将处理结果根据需要转换为相应的模拟信号输出。

任务 4-1 认识数字信号与数字电路

学习目标

知识目标：

（1）了解数字信号与模拟信号的区别及优、缺点。

（2）掌握脉冲信号的特征。

（3）熟悉数字电路的分类。

能力目标：

（1）培养学生理解概念的能力。

（2）培养学生互相探讨共同提高的能力。

重点难点：

（1）数字电路与模拟电路的区别。

（2）数字电路的学习方法。

👉 学习引导

回想一下以前在看使用老式天线的电视时，电视画面经常会出现有雪花、不清晰等问题。而随着时代的发展，特别是采用 DTMB 地面波数字信号后，电视画面明显变得清晰了很多，而且很少再有雪花这样的问题了，如图 4-1 所示。为什么会有这样的变化呢？

a) 模拟信号电视画面

b) 数字信号电视画面

图 4-1　模拟信号和数字信号

📖 必备知识

1. 模拟信号与数字信号

电子电路中的信号分为模拟信号和数字信号，如图 4-2 所示。模拟信号是指时间、数值均连续的信号，如正弦交流电的电压、电流、温度等。数字信号是指时间、数值均离散的信号，如电子表的秒信号、生产流水线上记录零件个数的计数信号等。

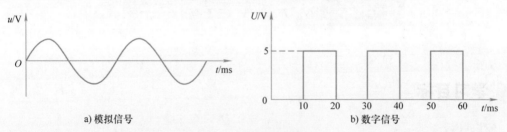

a) 模拟信号　　　　　　　　　　　　b) 数字信号

图 4-2　电子电路中的信号

模拟信号和数字信号的区别如下。

1）模拟信号有无穷多种可能的波形，同一个波形稍微变化就成了另一种波形，而数字信号只有两种波形（高电平和低电平），这就为信号的接收与处理提供了方便。

2）模拟信号由于它的多变性极而容易受到干扰，其中包括来自信道的干扰和电子元器件的干扰，模拟器件难以保证高的精度（如放大器有饱和失真、截止失真、交越失真，集成电路难免有零点漂移）。而数字电路中有限的波形种类保证了它具有极强的抗干扰性，受扰动的波形只要不超过一定阈值总能够通过一些整形电路（如斯密特门）恢复出来，从而保证了极高的准确性和可信性，而且基于门电路、集成芯片所组成的数字电路也简单可靠，维护调度方便，很适合于信息的处理。

2. 数字信号

（1）正逻辑与负逻辑　数字信号只有两个离散值，通常用数字 0 和 1 来表示。这里的 0 和 1 代表两种状态，而不代表具体数值，称为逻辑 0 和逻辑 1，也称为二值数字逻辑。不同半导体器件的数字电路中逻辑 0 和逻辑 1 对应的逻辑电平值将在后面介绍。

当规定高电平为逻辑 1，低电平为逻辑 0 时，称为正逻辑。

当规定低电平为逻辑 1，高电平为逻辑 0 时，称为负逻辑。

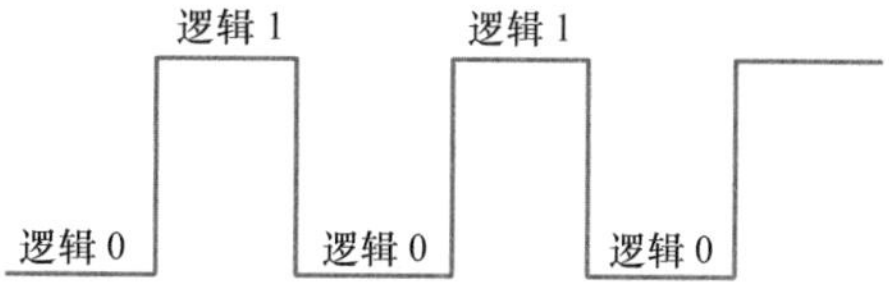

图 4-3 所示为采用正逻辑体制的逻辑信号。

（2）脉冲信号　数字信号在电路中表现为脉冲信号，其特点是一种跃变信号，持续时间短。常见的脉冲信号有矩形波和尖顶波。理想的周期性矩形脉冲信号如图 4-4 所示。

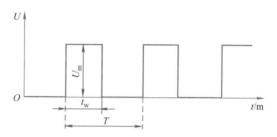

图 4-3　正逻辑体制的逻辑信号

图 4-4　理想的周期性矩形脉冲信号

3. 数字电路

通常把工作于数字信号下的电子电路称为数字电路；把使用数字量传递、处理和加工信息的实际工程系统，称为数字系统。

（1）数字电路的分类　数字电路的基本构成单元主要有电阻、电容、二极管和晶体管等元器件。按电路组成结构，它分为分立元器件电路和集成电路两类。其中，按集成电路在一块硅片上包含的逻辑门电路或组件的数量，即集成度，又分为小规模集成电路（SSI）、中规模集成电路（MSI）、大规模集成电路（LSI）和超大规模集成电路（VLSI）。按数字电路所用器件的不同，又可分为双极型（DTL、TTL、ECL、I2L 和 HTL 型）电路和单极型（NMOS、PMOS 和 CMOS 型）电路两类。从逻辑功能上，数字电路可分为组合逻辑电路和时序逻辑电路两大类。

（2）数字电路的优点　与模拟电路相比，数字电路主要有以下优点。

1）数字电路实现的是逻辑关系，只有 0 和 1 两个状态，易于用电路实现，如用二极管、晶体管的导通与截止来表示逻辑 0 和逻辑 1。

2）采用数字电路的系统工作可靠性高，精度也比较高，抗干扰能力强。

3）能进行逻辑判断和运算，在控制系统中不可缺少。

4）数字信息便于长期保存，如可存储于磁盘、光盘等介质。

5）数字集成电路产品系列多、通用性强、成本低。

（3）数字电路的学习方法　学习数字电路时，应注意以下几点。

1）逻辑代数是分析和设计数字电路的工具，熟练掌握和运用好这一工具才能使学习顺利进行。

2）应重点掌握各种常用数字逻辑电路的逻辑功能、外部特性及典型应用。对其内部电路结构和工作原理的学习，主要是为了加强对数字逻辑电路外特性和逻辑功能的正确理解，不必过于深究。

3）数字电路的种类虽然繁多，但只要掌握其基本分析方法，便能得心应手地分析各种逻辑电路。

4）数字电子技术是一门实践性很强的技术基础课，学习时必须重视实验和实训等实践环节。

5）数字电子技术发展十分迅速，数字集成电路的种类和型号越来越多，应逐步提高查阅有关技术资料和数字集成电路产品手册的能力，以便从中获取更多的知识和信息。

知识链接

模拟电视图像信号从产生、传输、处理到接收机的复原，整个过程几乎都是在模拟体制下完成的。其特点是采用时间轴取样，每帧在垂直方向取样，以幅度调制方式传送电视图像信号。为降低频带，同时避开人眼对图像重现的敏感频率，将1帧图像又分成奇、偶两场扫描。在20世纪六七十年代，确定模拟电视主要技术参数时，由于相关理论和技术存在部分缺陷，使传统的模拟电视存在易受干扰、色度畸变、亮色串扰、行串扰、行蠕动、大面积闪烁、清晰度低和临场感弱等缺点。在模拟领域，无论怎样更新和改进硬件结构，电视所应有的功能和声像质量还远没有达到，不足以使其全面地发生根本性的变革。20世纪80年代，德国出现了数字电视接收机，从而揭开了数字电视的帷幕。

因为数字设备只输出1和0两个电平，恢复时不究大小，因而信号稳定，抗干扰能力强，非常适合远距离的数字传输。数字信号在多次处理和传输中进入杂波后，其杂波幅度不超过某个额定电平，可以通过数字再生和清除；即使引入的杂波幅度超过了额定值，造成了误码，也可以引入信道纠错编码技术，在接收端将其纠正过来。所以，数字传输不会降低信噪比，避免了系统非线性失真的影响，大大提高了图像的质量。而在模拟系统中，非线性失真会造成图像明显损伤，如非线性产生的相位畸变会导致色调失真。而模拟信号在处理和传输中，每次都可以引入新的杂波，为了保证最终输出有足够的信噪比，就必须对各种处理设备提出较高信噪比的要求。也就是说，在相同的覆盖面积下，数字电视大大节省了发射功率。模拟信号在传输过程中噪声逐步积累，而数字信号在传输过程中基本不产生新的噪声，信噪比基本不变。

学习评价

评价项目	评价内容	评价标准			评价方式			备注
		优（20分）	良（15分）	一般（10分）	自评	互评	师评	
学习态度	1.学习目标明确，重视学习过程的反思，积极优化学习方法 2.逐步形成浓厚的学习兴趣 3.保质保量按时完成作业 4.重视自主探索、自主学习，拓展视野	积极、热情、主动	积极，热情但欠主动	态度一般				

（续）

评价项目	评价内容	评价标准			评价方式			备注
		优 （20分）	良 （15分）	一般 （10分）	自评	互评	师评	
学习方式	1.学生个体的自主学习能力强，会倾听、思考、表达和质疑 2.学生普遍有浓厚的学习兴趣，在学习过程中参与度高 3.学生之间能采取合作学习的方式，并在合作中分工明确地进行有序和有效的探究	自主学习能力强，会倾听、思考、表达和质疑	自主学习能力较强，会倾听、思考、表达	自主学习能力一般，会倾听				
合作意识	1.积极参加合作学习，勇于接受任务、敢于承担责任 2.加强小组合作，取长补短，共同提高 3.乐于助人，积极帮助学习有困难的同学 4.公平、公正地进行自评和互评	合作意识强，组织能力好，与别人互相提高	能与他人合作，并积极帮助有困难的学生	有合作意识，但总结能力不强				
探究活动	1.积极尝试、体验研究的过程 2.逐步形成严谨的科学态度、不怕困难的科学精神 3.善于观察分析，提出有意义的问题	理解深刻	理解较浅	理解模糊				
知识应用	自觉养成应用所学知识解决实际问题的意识，增强综合应用能力	能很灵活地运用知识解决问题	较灵活地运用知识解决问题	应用知识技能一般				
其他附加	情感、态度、价值观的转变	学习态度、认知水平有很大提高	学习态度、认知水平有较大提高	学习态度、认知水平有些提高				

任务 4-2　认识数制与码制

学习目标

知识目标：

（1）了解数制、基数及位权的概念。

（2）掌握二进制、十进制、八进制、十六进制的表示方法。

（3）掌握二进制与十进制间相互转换的方法。

能力目标：

（1）培养学生数制相互转换的能力。

（2）培养学生分析问题、解决问题的能力。

（3）培养学生独立思考问题的能力。

重点难点：

（1）进制、基数、位权的概念。

（2）二进制与十进制间相互转换的方法。

学习引导

现在大家做一道算术题：110+110=？你的答案是 220 吗？那么 220 这个答案是对还是不对呢？可以说对，也可以说不对。在学习本课之前，回答 220 是正确的，但是，在学完今天的知识后，答案就不一定是 220 了。为什么呢？下面我们就来探寻一下其中的奥秘吧！

必备知识

1. 常用数制

我们在小学阶段最开始学习的就是 10 以内的加法，之后是两位数的加法，在两位数加法的学习中，教师是不是经常会说要注意逢十进一？也就是平常说的别忘了进位。像这样按进位的原则进行记数的方法叫作进位记数制，简称"数制"或"进制"。平时用得最多得就是十进制了，那么，大家想一下，还有没有其他进制呢？比如：一周七天，七进制；一年 12 个月，十二进制；1 小时 60 分钟，六十进制；1 公斤 =2 斤，1 时辰 =2 小时，逢二进一，就是二进制。此外，在计算机语言中常用八进制和十六进制。由此也可以推断出：每种进制的进位都遵循一个规则，那就是 N 进制，逢 N 进一。

基数：数制所使用数码的个数称为基数。例如，二进制的基数为 2；十进制的基数为 10。

位权：数制中某位上的 1 所表示数值的大小叫作位权。例如，十进制的 123（即一百二十三），1 的位权是 100，2 的位权是 10，3 的位权是 1。二进制中的 1011，第一个 1 的位权是 8，0 的位权是 4，第二个 1 的位权是 2，第三个 1 的位权是 1。

十进制（Decimal）：在十进制数中，每位有 0~9 这 10 个数码，计数基数是 10，低位和相邻高位之间的进位关系为"逢十进一"。

二进制（Binary）：在二进制数中，每位只有 0 和 1 这两个可能的数码，计数基数为 2，低位和相邻高位之间的进位关系为"逢二进一"。

八进制（Octal）：在八进制数中，每位用 0~7 这 8 个数码表示，计数基数为 8，低位和相邻高位之间的进位关系为"逢八进一"。

十六进制（Hexadecimal）：在十六进制数中，每位用 0~9、A~F 这 16 个数码表示，计数基数为 16，低位和相邻高位之间的进位关系为"逢十六进一"。

计算机内部一律采用二进制表示数据信息，而不是大家常用的十进制。采用二进制的原因有以下几个。

（1）二进制码在物理上最容易实现　由于计算机由逻辑电路组成，逻辑电路通常只有两种状态，如开关的"接通"和"断开"、晶体管的饱和与截止、电压的高与低等。这两种状态正好用来表示二进制的两个数码"1"和"0"，若采用十进制，则需表示 10 个数码，实现起来比较困难。

（2）可靠性高，运算简单　用两种状态表示两个数码，数码在传输和处理中不容易出错，因而电路实现更加可靠。而且二进制数的运算规则比较简单，无论是算术运算还是逻辑运算都容易实现。

（3）逻辑性强　计算机不仅能进行数值运算还能进行逻辑运算。二进制的两个数码"1"和"0"恰好可以代表逻辑运算中的"真"（True）和"假"（False）。

2. 数制转换

（1）二进制转换为十进制　具体转换方法是：将其他进制按权位展开，然后各项相加，就得到相应的十进制数。比如，将二进制数 1011 转换为十进制，$1×8+0×4+1×2+1×1=11$。

（2）十进制转换为二进制　具体转换方法是：采用"整数部分除 2 取余，直至商为 0，逆序排列，小数部分乘 2 取整，直至小数为 0，正序排列"法。

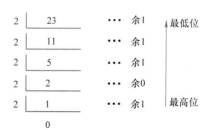

图 4-5　将十进制转换为二进制的方法

例如，将十进制的 23 转换为二进制，如图 4-5 所示。

最后将右侧的余数抄下来得到 10111 即为结果。

类似地，可进行十进制到八进制、十六进制的转换，见表 4-1。

3. 二进制码

二进制码是逻辑电路中最常用、最重要的一种编码。下面介绍它的一些基础知识。

（1）代码与码制　由于数字系统是以二值数字逻辑为基础的，因此数字系统中的信息（包括数值、文字、控制命令等）都是用一定位数的二进制码表示的。不同的数码不仅可以表示不同的数量，也可以表示不同的事物（如数字、字母、标点符号、命令和控制字等）。这时，表示不同事物的数码则称为代码。编制代码时所遵循的规则称为码制。

表 4-1　数码转换对照

十进制	十六进制	二进制	十进制	十六进制	二进制
0	0	0	21	15	10101
1	1	1	22	16	10110
2	2	10	23	17	10111
3	3	11	24	18	11000
4	4	100	25	19	11001
5	5	101	26	1A	11010
6	6	110	27	1B	11011
7	7	111	28	1C	11100
8	8	1000	29	1D	11101
9	9	1001	30	1E	11110
10	A	1010	31	1F	11111
11	B	1011	32	20	10 0000
12	C	1100	33	21	10 0001
13	D	1101	34	22	10 0010
14	E	1110	35	23	10 0011
15	F	1111	36	24	10 0100
16	10	1 0000	37	25	10 0101
17	11	1 0001	38	26	10 0110
18	12	1 0010	39	27	10 0111
19	13	1 0011	40	28	10 1000
20	14	1 0100	41	29	10 1001

（2）二 - 十进制代码　二进制编码方式有多种，常用的是二 - 十进制码，又称为 BCD（Binary Coded Decimal）码。BCD 码是用二进制代码来表示十进制的 0~9 这 10 个数。由于十进制数共有 0、1、2、…、9 这 10 个数码，因此，至少需要 4 位二进制码来表示 1 位十进制数。最常用的 BCD 编码，就是使用 "0" ~ "9" 这 10 个数值的二进制码来表示的。它和 4 位自然二进制码相似，各位的权值分别为 8、4、2、1，称之为 "8421 码"（日常所说的 BCD 码大都是指 8421BCD 码形式）。此外，对应不同需求，也开发了不同的编码方法，见表 4-2。

表 4-2　常用 BCD 码

十进制数	8421 码	5421 码	2421 码	余 3 码	余 3 循环码
0	0	0	0	11	10
1	1	1	1	100	110
2	10	10	10	101	111
3	11	11	11	110	101
4	100	100	100	111	100
5	101	1000	1011	1000	1100
6	110	1001	1100	1001	1101
7	111	1010	1101	1010	1111
8	1000	1011	1110	1011	1110
9	1001	1100	1111	1100	1010

4. 字符与数字代码

在数据通信中，字符与数字代码用于传输数据信息。数据信息一般由字母、数字和符号组合而成。常用字符编码是 ASCII（美国信息交换标准代码）。ASCII 是基于拉丁字母的一套计算机编码系统，主要用于显示现代英语和其他西欧语言。它是现今最通用的单字节编码系统，并等同于国际标准 ISO/IEC 646。

（1）ASCII-7 编码　这种编码用 7 位二进制编码表示一个字符，共可表示 128 个不同的字符。通常使用时在最高位添 0 凑成 8 位二进制编码，或根据实际情况将最高位用作校验位。ASCII-7 编码中，0~9 这 10 个数字对应的编码为 30H~39H，该编码实际就是一种非组合 BCD 码。一般字符的 ASCII 靠查表方式获取。但除数字的 ASCII 外，最好也能记住以下对应关系：A~F 的 ASCII 为 41H~46H、a~f 的 ASCII 为 61H~66H。

（2）ASCII-8 编码　这种编码用 8 位二进制编码表示一个字符，共可表示 256 个不同的字符。

（3）UNICODE 编码　互联网技术的迅速发展，要求进行数据交换的需求越来越大，而且多种语言共存的文档不断增多，不同的编码体系越来越成为信息交换的障碍，于是 UNICODE 编码应运而生。UNICODE 编码有以下双重含义。

1）UNICODE 是对国际标准 ISO/IEC 10646 编码的一种称谓。ISO/IEC 10646 是一个国际标准，也称为大字符集，它是 ISO（国际标准组织）于 1993 年颁布的一项重要国际标准，其宗旨是全球所有文种统一编码。

2）UNICODE 是美国的 HP、Microsoft、IBM、Apple 等大企业组成的联盟集团的名称，成立该集团的宗旨就是要推进多文种的统一编码。

UNICODE 是一个 16 位二进制编码的字符集，它可以移植到所有主要的计算机平台上，并且覆盖几乎整个世界范围。

知识链接

摩尔定律

20 世纪 50 年代，飞兆半导体和英特尔的联合创始人戈登摩尔（Gordon Moore）发表了一篇论文，指出每个集成电路的元器件数量将在未来 10 年每年增加一倍。1975 年，他回顾了他的预测，并表示组件的数量现在每两年增加一倍。这就是著名的"摩尔定律"，如图 4-6 所示。

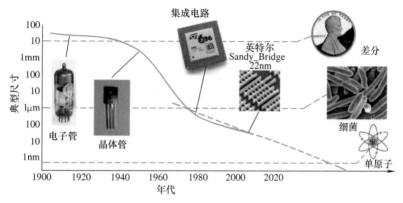

图 4-6　电子元器件尺寸变化曲线

几十年来摩尔定律一直被验证是正确的。而且摩尔定律一直在指导芯片制造和设计。英特尔和 AMD 的研究人员一直以来都是根据摩尔定律设定目标和指标的。由于摩尔定律迫使芯片设计的长足发展，计算机也变得越来越小。摩尔定律不仅仅是一种预测，它已成为制造商旨在实现的目标和标准。以下是摩尔定律的一些实证：1971 年第一个半导体工艺之一是 $10\,\mu m$（或者是 1m 的 10 万倍分之一）。到 2001 年，它是 130nm，为 1971 年的小近 1/80。截至 2017 年年底，最小的晶体管工艺为 10nm，人头发直径是 $100\,\mu m$，比现今晶体管大近 10000 倍。

✍ 学习评价

评价项目	评价内容	评价标准			评价方式			备注
		优（20分）	良（15分）	一般（10分）	自评	互评	师评	
学习态度	1.学习目标明确，重视学习过程的反思，积极优化学习方法 2.逐步形成浓厚的学习兴趣 3.保质保量按时完成作业 4.重视自主探索、自主学习，拓展视野	积极、热情、主动	积极，热情但欠主动	态度一般				
学习方式	1.学生个体的自主学习能力强，会倾听、思考、表达和质疑 2.学生普遍有浓厚的学习兴趣，在学习过程中参与度高 3.学生之间能采取合作学习的方式，并在合作中分工明确地进行有序和有效的探究	自主学习能力强，会倾听、思考、表达和质疑	自主学习能力较强，会倾听、思考、表达	自主学习能力一般，会倾听				
合作意识	1.积极参加合作学习，勇于接受任务、敢于承担责任 2.加强小组合作，取长补短，共同提高 3.乐于助人，积极帮助学习有困难的同学 4.公平、公正地进行自评和互评	合作意识强，组织能力好，与别人互相提高	能与他人合作，并积极帮助有困难的学生	有合作意识，但总结能力不强				
探究活动	1.积极尝试、体验研究的过程 2.逐步形成严谨的科学态度，不怕困难的科学精神 3.善于观察分析，提出有意义的问题	理解深刻	理解较浅	理解模糊				
知识应用	自觉养成应用所学知识解决实际问题的意识，增强综合应用能力	能很灵活地运用知识解决问题	较灵活地运用知识解决问题	应用知识技能一般				
其他附加	情感、态度、价值观的转变	学习态度、认知水平有很大提高	学习态度、认知水平有较大提高	学习态度、认知水平有些提高				

任务 4-3　认识逻辑门电路

🥕 学习目标

知识目标：

（1）掌握与门、或门、非门的逻辑功能及逻辑符号。

（2）掌握基本逻辑运算、逻辑函数的表示方法。

（3）掌握 3 种基本的逻辑电路。

能力目标：

（1）能熟练进行逻辑门的运算。

（2）能通过实例判断逻辑电路的逻辑功能。

重点难点：

（1）基本逻辑关系："与"关系、"或"关系、"非"关系。

（2）基本逻辑门电路的工作原理及其逻辑功能。

👉 学习引导

同学们都见过各式各样的门，例如学校教学楼里面就有很多门，而且这些门之间还存在着一些逻辑关系。比如，只有教学楼的大门和教室的门同时打开，才能进入教室；教室的前门和后门只要有任意一个打开，就可以进入教室。在电路里面也存在着各式各样的"门"，下面就来探寻一下这些"门"以及它们之间的关系吧！

📖 必备知识

1. 逻辑代数

"门"是这样的一种电路：它规定各个输入信号之间满足某种逻辑关系时才有信号输出，通常有下列 3 种门电路，即与门、或门、非门（反相器）。从逻辑关系看，门电路的输入端或输出端只有两种状态，无信号以"0"表示，有信号以"1"表示。也可以这样规定：低电平为"0"，高电平为"1"，称为正逻辑；反之，如果规定高电平为"0"，低电平为"1"，则称为负逻辑。然而，高与低是相对的，所以在实际电路中要先说明采用什么逻辑才有实际意义。例如，负与门对"1"来说，具有"与"的关系，但对"0"来说，却有"或"的关系，即负与门也就是正或门；同理，负或门对"1"来说，具有"或"的关系，但对"0"来说具有"与"的关系，即负或门也就是正与门。

数字电路实现的是逻辑关系，逻辑关系是指某事物的条件（或原因）与结果之间的关系。分析和设计数字逻辑电路的数学工具是逻辑代数，也称为布尔代数（1849 年由英国数学家乔治·布尔首先提出）。

逻辑代数和普通代数一样，也是用字母来表示变量的，这种变量称为逻辑变量。在数字逻辑电路中，为了简便地描述逻辑关系，通常用符号 0 和 1 来表示条件和结果的两个对立状态。比如：条件的"有"或"无"，结果的"真"或"假"。这里的 0 和 1 并不是通常数学中表示数量的大小，而是作为一种表示符号，0 表示无信号或不满足条件，1 表示有信号或满足条件，故称为逻辑 0 和逻辑 1。在数字电路中，通常用电位的高、低去控制门电路，输入与输出信号只有两种状态，即高电平状态和低电平状态。规定用 1 表示高电平，用 0 表示低电平，称为正逻辑；反之称为负逻辑，若无特殊说明均采用正逻辑。

逻辑代数中只有 3 种基本运算，即与运算（逻辑乘）、或运算（逻辑加）和非运算（逻辑非）。

（1）"与"逻辑

1）定义：如果决定某事物成立（或发生）的诸原因（或条件）都具备，事件才发生，而只要其中一个条件不具备，事物就不能发生，这种关系称为"与"关系。

2）示例：如图 4-7 所示，两个串联的开关控制一盏电灯。开关 A 与 B 串联在回路中，只有当两个开关都闭合时，灯 Y 才亮；只要有一个开关断开，灯 Y 就不亮。这就是说，当一件事情（灯亮）的几个条件（两个开关均闭合）全部具备之后，这件事情（灯亮）才能发生，否则不发生。这样的因果关系称为"与"逻辑关系，也称为逻辑乘。

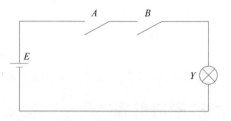

图 4-7　两个串联的开关控制一盏电灯

"与"逻辑表达式为

$$Y = A \cdot B$$

"与"逻辑关系真值表见表 4-3。其中，0 表示开关断开 / 灯不亮；1 表示开关闭合 / 灯亮。

表 4-3　"与"逻辑关系真值表

输入		输出	备注
A	B	Y	
0	0	0	开关接通规定为 1，断开规定为 0；灯亮规定为 1，灯灭规定为 0
0	1	0	
1	0	0	
1	1	1	

逻辑规律：有"0"出"0"，全"1"出"1"。

"与"逻辑符号如图 4-8 所示。

（2）"或"逻辑

1）定义：A、B 等多个条件中，只要具备一个条件，事件就会发生，只有所有条件均不具备的时候，事件才不发生，这种因果关系称为"或"逻辑。

图 4-8　"与"逻辑符号

2）示例：如图 4-9 所示，两个并联的开关控制一盏电灯，开关 A 与 B 并联在回路中，只要两个开关有一个闭合，灯 Y 就会亮；只有当开关全部断开时，灯 Y 才不亮。这就是说，当决定一件事情（灯亮）的各个条件中至少具备一个条件（有一个开关闭合）时，这件事情（灯亮）就能发生，否则不发生。这样的因果关系称为"或"逻辑关系，也称为逻辑加。

"或"逻辑表达式为

$$Y=A+B$$

"或"逻辑关系真值表见表 4-4。其中，0 表示开关断开 / 灯不亮，1 表示开关闭合 / 灯亮。

逻辑规律：有"1"出"1"，全"0"出"0"。

"或"逻辑符号如图 4-10 所示。

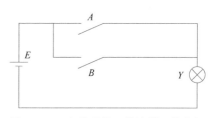

图 4-9　两个并联的开关控制一盏电灯

表 4-4　"或"逻辑关系真值表

输入		输出
A	B	Y
0	0	0
0	1	1
1	0	1
1	1	1

（3）"非"逻辑

1）定义：决定事件结果的条件只有一个 A，A 存在，事件 Y 不发生，A 不存在，事件 Y 发生。这种因果关系叫作"非"逻辑。

2）示例：如图 4-11 所示，开关 A 与灯 Y 并联，当开关断开时，灯 Y 亮；当开关闭合时，灯 Y 不亮。这就是说，事情（灯亮）和条件（开关）总是呈相反状态。这样的因果关系称为"非"逻辑关系，也称为逻辑非。

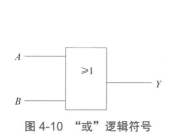

图 4-10　"或"逻辑符号　　　　　　图 4-11　开关 A 与灯 Y 并联

"非"逻辑表达式为

$$Y=\overline{A}$$

"非"逻辑关系真值表见表 4-5。其中，0 表示开关断开 / 灯亮；1 表示开关闭合 / 灯不亮。

表 4-5　"非"逻辑关系真值表

输入	输出
A	Y
0	1
1	0

逻辑规律：有"0"出"1"，有"1"出"0"。

"非"逻辑符号如图 4-12 所示。

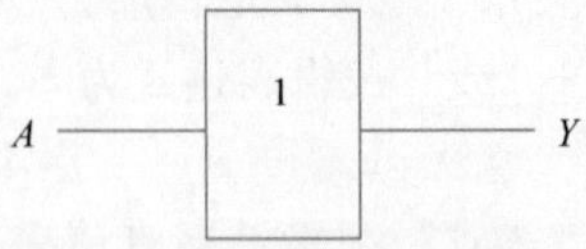

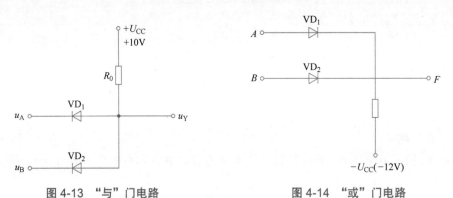

图 4-12 "非"逻辑符号

2. 基本逻辑门电路

（1）"与"门电路　能实现"与"逻辑功能的电路称为"与"门电路，简称与门，如图 4-13 所示。"与"门电路可以用二极管、晶体管、MOS 管和电阻等分立元件组成，也可以是集成电路。

（2）"或"门电路　能实现"或"逻辑功能的电路称为"或"门电路，简称或门，如图 4-14 所示。"或"门电路可以用二极管、晶体管、MOS 管和电阻等分立元件组成，也可以是集成电路。

图 4-13 "与"门电路　　　　图 4-14 "或"门电路

（3）"非"门电路　能实现"非"逻辑功能的电路称为"非"门电路，又称为反相器，简称非门，如图 4-15 所示。

3. 复合逻辑门电路

（1）"与非"门电路　能够实现逻辑"与非"功能的电路称为"与非"门电路，简称与非门。与门后串联非门就构成了一个与非门，先进行"与"运算，再进行"非"运算。

"与非"逻辑表达式为

$$Y = \overline{A \cdot B}$$

"与非"逻辑关系真值表见表 4-6。

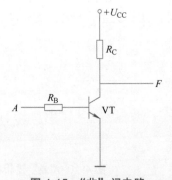

图 4-15 "非"门电路

表 4-6 "与非"逻辑关系真值表

输入		AB	输出
A	B		$Y = \overline{A \cdot B}$
0	0	0	1
0	1	0	1
1	0	0	1
1	1	1	0

（2）"或非"门电路　能够实现逻辑"或非"功能的电路称为"或非"门电路,简称或非门。或门后串联非门就构成了一个或非门,先进行或运算,再进行非运算。

"或非"逻辑表达式为

$$Y=\overline{A+B}$$

"或非"逻辑关系真值表见表 4-7。

表 4-7　"或非"逻辑关系真值表

输入		A+B	输出
A	B		$Y=\overline{A+B}$
0	0	0	1
0	1	1	0
1	0	1	0
1	1	1	0

（3）"与或非"门电路　能够实现逻辑"与或非"功能的电路称为"与或非"门电路,简称与或非门。与或非门一般由两个或多个与门和一个或门,再和一个非门串联而成。

"与或非"逻辑关系真值表见表 4-8。

表 4-8　"与或非"逻辑关系真值表

输入				输出
A	B	C	D	Y
0	0	0	0	1
0	0	0	1	1
0	0	1	0	1
0	0	1	1	0
0	1	0	0	1
0	1	0	1	1
0	1	1	0	1
0	1	1	1	0
1	0	0	0	1
1	0	0	1	1
1	0	1	0	1
1	0	1	1	0
1	1	0	0	0
1	1	0	1	0
1	1	1	0	0
1	1	1	1	0

（4）"异或"门电路　能够实现逻辑"异或"功能的电路称为"异或"门电路。

"异或"逻辑表达式为

$$Y=\overline{A}\cdot B+A\cdot\overline{B}$$

"异或"逻辑关系真值表见表 4-9。

表 4-9 "异或"逻辑关系真值表

输入		输出
A	B	Y
0	0	0
0	0	1
1	0	1
1	1	0

知识链接

目前实际应用的门电路都是集成电路。在集成电路设计过程中，将复杂的逻辑函数转换为具体的数字电路时，不管是手工设计还是 EDA 工具自动设计，通常都要用到 7 种基本逻辑（与、或、非、与非、或非、同或、异或）的图形表示，在电路术语中这些逻辑操作符号称为门，对应的具体电路就叫作门电路，包括某个基本逻辑或者多个基本逻辑组合的复杂逻辑。比如实现取反功能的反相器，就叫作非门；实现"先与后反"功能的就是与非门。与非门由两个 N 型管和两个 P 型管组成：P 型管并联，一端接电源；N 型管串联，一端接地。根据 CMOS 结构互补的思想，每个 N 型管都会和一个 P 型管组成一对，它们的栅极连在一起，作为与非门的输入；输出则在"串 - 并"结构的中间。当输入端 A、B 中只要有一个为 0 时，下面接地的通路断开，而上面接电源的通路导通，就输出高电平 1；而只有 A、B 同时为 1 时，才会使接地的两个串联 NMOS 管都导通，从而输出低电平 0。而这正是与非的逻辑：只有两个输入都为 1 时，输出才为 0，否则结果为 1。

上述 7 种基本逻辑对应的门即为与门、或门、非门、与非门、或非门、同或门、异或门。另外，还有一个常用的基本门电路叫作传输门，可以模拟"开关"的动作，当然也是由 MOS-FET 组成的，利用其栅极电压控制 MOS 管导通的原理；当 CP 为 1 时，A 的数据可以传到 B 端；当 CP 为 0 时，其内部晶体管截止，可以把电路中的通路临时关断。

门电路几乎可以组成数字电路里面任何一种复杂的功能电路，包括类似于加法、乘法的运算电路，或者寄存器等具有存储功能的电路，以及各种自由的控制逻辑电路，都是由基本的门电路组合而成的。

学习评价

评价项目	评价内容	评价标准			评价方式			备注
		优 （20分）	良 （15分）	一般 （10分）	自评	互评	师评	
学习态度	1. 学习目标明确，重视学习过程的反思，积极优化学习方法 2. 逐步形成浓厚的学习兴趣 3. 保质保量按时完成作业 4. 重视自主探索、自主学习，拓展视野	积极、热情、主动	积极，热情但欠主动	态度一般				

（续）

评价项目	评价内容	评价标准			评价方式			备注
		优（20分）	良（15分）	一般（10分）	自评	互评	师评	
学习方式	1.学生个体的自主学习能力强，会倾听、思考、表达和质疑 2.学生普遍有浓厚的学习兴趣，在学习过程中参与度高 3.学生之间能采取合作学习的方式，并在合作中分工明确地进行有序和有效的探究	自主学习能力强，会倾听、思考、表达和质疑	自主学习能力较强，会倾听、思考、表达	自主学习能力一般，会倾听				
合作意识	1.积极参加合作学习，勇于接受任务、敢于承担责任 2.加强小组合作，取长补短，共同提高 3.乐于助人，积极帮助学习有困难的同学 4.公平、公正地进行自评和互评	合作意识强，组织能力好，与别人互相提高	能与他人合作，并积极帮助有困难的学生	有合作意识，但总结能力不强				
探究活动	1.积极尝试、体验研究的过程 2.逐步形成严谨的科学态度、不怕困难的科学精神 3.善于观察分析，提出有意义的问题	理解深刻	理解较浅	理解模糊				
知识应用	自觉养成应用所学知识解决实际问题的意识，增强综合应用能力	能很灵活地运用知识解决问题	较灵活地运用知识解决问题	应用知识技能一般				
其他附加	情感、态度、价值观的转变	学习态度、认知水平有很大提高	学习态度、认知水平有较大提高	学习态度、认知水平有些提高				

组合逻辑电路

5

学习指南

　　组合逻辑电路是数字逻辑电路中的一种类型，它是由若干个基本逻辑门电路和复合逻辑门电路组成的。组合逻辑电路的输入端可以有一个或多个输入变量，输出端也可以有一个或多个逻辑输出，它是非记忆性逻辑电路。常见的组合逻辑电路有编码器、译码器、加法器、比较器、分配器等，在数字系统中用途十分广泛。在生活中很多用电设备的核心部分都是由组合逻辑电路构成的，如自动抽水泵、自动热水器等。

　　数字电路根据逻辑功能的不同特点，可以分成两大类：一类叫作组合逻辑电路（简称组合电路）；另一类叫作时序逻辑电路（简称时序电路）。组合逻辑电路在逻辑功能上的特点是任意时刻的输出仅仅取决于该时刻的输入，与电路原来的状态无关。而时序逻辑电路在逻辑功能上的特点是任意时刻的输出不仅取决于当时的输入信号，而且还取决于电路原来的状态，或者说还与以前的输入有关。

任务 5-1　认识组合逻辑电路

🥕 学习目标

知识目标：

学会分析组合逻辑电路的组成，掌握组合逻辑电路的功能和特点。

能力目标：

（1）能够正确判断出组合逻辑电路的输出。

（2）运用二进制完成相关的运算。

重点难点：

（1）真值表的概念。

（2）组合逻辑电路的概念。

👉 学习引导

如图 5-1 所示，抽水电动机数控电路是一个实用性很强的电路。因为随着我国经济的发展，城乡居民的生活水平不断提高，许多家庭都安装了水塔，自己抽自来水。可是若采用手工控制抽水过程，不仅操作起来十分麻烦，而且容易因为频繁起动而烧毁抽水电动机，另外抽水量也不好控制。学习了数字电子电路之后，就可以设计一个简便、廉价的控制电路，使抽水电动机自动进行抽水操作，更好地为人们服务。

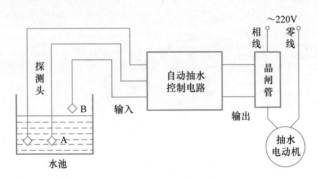

图 5-1　抽水电动机数控电路

普通家庭的抽水电动机一般都是电容运转式单相异步电动机，采用 220V 的交流电，可以用刀开关、交流接触器、继电器、晶闸管等作为开关来控制和驱动。由于这种电动机功率一般都比较小（千瓦以内），所以可用普通小功率的晶闸管控制，而且双向晶闸管具有体积小、反应灵敏、无触点、使用寿命长等特点。本书就以双向晶闸管作为抽水电动机的控制开关。

抽水过程：当水池里没有水时，A 和 B 两个探测头和 O 探头都不相通，则 A 和 B 输入都为低电平，此时不管控制电路原来是什么状态，输出都为高电平，控制晶闸管导通，使得电动机接通电源进行抽水。

停止抽水过程：当水池里有很多水时，A 和 B 两个探测头都和 O 探头相通，则 A 和 B 输入都为高电平，此时不管控制电路原来是什么状态，输出都为低电平，控制晶闸管不导通，使得电动机断开电源停止抽水。

在整个抽水过程中，从抽水开始到抽水停止，控制电路任意时刻的输出都是由同一时刻的输入决定的。

📖 必备知识

单一的与门、或门、与非门、或非门、非门等逻辑门不足以完成复杂的数字系统设计要求。组合逻辑电路是采用两个或两个以上基本逻辑门来实现更实用、复杂的逻辑功能。

1. 真值表

真值表是表征逻辑事件输入和输出之间全部可能状态的表格，用于列出命题公式真假值。通常以 1 表示真、0 表示假。

真值表是在逻辑中使用的一类数学表，用来确定一个表达式是否为真或有效。

2. 组合逻辑电路的特点与分析方法

（1）特点　数字逻辑电路分为组合逻辑电路和时序逻辑电路两大类。

1）组合逻辑电路的主要特点。组合逻辑电路即在任意时刻电路的输出状态仅仅取决于该时刻电路的输入状态，而与电路原来所处的状态无关。从电路形式上看，没有从输出端引回到输入端的反馈线，信号的流向只有从输入端到输出端一个方向，即输出仅为单方向。

组合逻辑电路是由与门、或门、非门、与非门、或非门等逻辑门电路组合而成的，组合逻辑电路不具有记忆功能。

组合逻辑电路具有以下两个特点。

① 由逻辑门电路组成，电路中不包含任何记忆元件。

② 信号是单向传输的，电路中不存在任何反馈回路。

2）分析组合逻辑电路的步骤。分析组合逻辑电路的步骤是：由已知逻辑图，写出输出逻辑函数表达式并化简，列出真值表，最后分析电路的逻辑功能。具体步骤如图 5-2 所示。

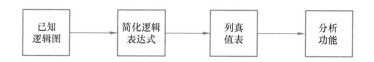

图 5-2　组合逻辑电路的分析步骤

（2）组合逻辑电路的分析方法　一般按以下步骤进行。

1）根据逻辑电路，由输入到输出逐级推导出输出逻辑函数表达式。

2）对逻辑函数表达式进行化简和变换，得到最简式。

3）由化简的逻辑函数表达式列出真值表。

4）根据真值表分析，确定电路所完成的逻辑功能。

例如，分析图 5-3 所示逻辑电路。首先，写出输出 X 和 Y 的逻辑表达式：$X=A \cdot B$，$Y=A \oplus B$，列出真值表，见表 5-1。

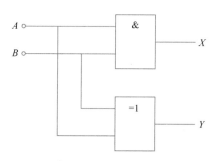

图 5-3　组合逻辑电路

表 5-1　逻辑电路真值表

输入变量		输出函数	
A	B	Y	X
0	0	0	0
0	1	1	0
1	0	1	0
1	1	0	1

最后分析逻辑功能。从真值表可以看出，当把 A、B 看成两个一位二进制数时，Y 就是它们的和，而 X 则是两者相加所得到的进位。所以，可以说这就是一个加法器。不过由于相加时没有考虑从低位来的进位，所以通常称该电路为半加器。

3. 常见的组合逻辑电路

（1）算术运算电路

1）半加器与全加器。

半加器：两个数 A、B 相加，只求本位之和，暂不管低位送来的进位数，称为"半加"。完成半加功能的逻辑电路叫作半加器。实际作二进制加法时，两个加数一般都不会是一位，因而不考虑低位进位的半加器是不能解决问题的。

全加器：两数相加，不仅考虑本位之和，而且也考虑低位送来的进位数，称为"全加"。实现这一功能的逻辑电路叫作全加器。

2）加法器。实现多位二进制数相加的电路称为加法器。根据进位方式不同，有四位串行进位加法器和超前进位加法器两种。

四位串行进位加法器：如 T692。它的优点是：电路简单、连接方便。其缺点是：运算速度不高。最高位的计算必须等到所有低位依此运算结束送来进位信号之后才能进行。为了提高运算速度，可以采用超前进位方式。

超前进位加法器：超前进位就是在作加法运算时，各位数的进位信号由输入的二进制数直接产生。

（2）编码器

1）基本概念。用代码表示特定信号的过程叫作编码；实现编码功能的逻辑电路叫作编码器。编码器的输入是被编码的信号，输出的是与输入信号对应的一组二进制代码。

2）普通编码器。三位二进制编码器，用 n 位二进制代码时，对 $m=2^n$ 个一般信号进行编码的电路。

二 - 十进制编码器，是把 0~9 这 10 个十进制数字编成二进制代码的电路。n 位二进制代码共有 2^n 种，可以对 $m \leqslant 2^n$ 个信号进行编码。因二 - 十进制编码器的输入是 10 个十进制数，故应使用四位二进制代码表示制。从 $2^n=16$ 种二进制代码中取 10 种来代表 0~9，这是个十进制数码，最常用的是 8421BCD 码。在二 - 十进制编码器中，代表 0~9 的输入信号也是互相排斥的，其工作原理及设计过程与三位二进制编码器完全相同。

3）优先编码器。允许若干信号同时输入，但只对其中优先级别最高的信号进行编码，而不理睬级别低的信号，这样的电路叫作优先编码器。

（3）译码器

1）定义：把二进制代码按照原意转换相应输出信号的过程叫作译码。完成译码功能的逻辑电路叫作译码器。译码器的 n 个输入、m 个输出应满足 $2^n \geq m$。译码器有二进制译码器、二 - 十进制译码器、数字显示译码器等类型。

2）二进制译码器：把二进制代码的各种状态，按照其原意转换成对应信号的输出，这种电路叫作二进制译码器。在二进制译码器中，若输入代码有 n 位，则输出信号就是 2^n 个。因此它可以译出输入变量的全部状态（有时又称为变量译码器或最小项产生器）。

（4）数据选择器　　其功能是从若干输入信号中选择一路作为输出。国产数据选择器有许多品种，T4157、T4158、T4257、T4258 等为四位 2 选 1 数据选择器；T4352、T4353 等为双 4 选 1 数据选择器；T4151、T4251 等为 8 选 1 数据选择器，T578、T1150 等为 16 选 1 数据选择器等。CMOS 产品中，CC4512 为 8 选 1，CCI4539 为双 4 选 1 等。

（5）数据分配器

1）数据分配器的逻辑功能。数据分配器（Demultiplexer）又称为多路分配器，它只有一个数据输入端，但有 2^n 个数据输出端。根据 n 个选择输入的不同组合，把数据送到 2^n 个数据输出端中的某一个。从其作用看，与多位开关很相似；从逻辑功能看，与数据选择器恰好相反。

2）译码器用作数据分配器。凡是带使能控制端的译码器都能作为数据分配器使用。

3）多路信号分时传送。数据选择器和数据分配器结合，可以实现多路信号的分时传送。其工作原理是：选择输入 $C_2 C_1 C_0 = 001$ 时，数据选择器是把 XIN1 的状态送到输出端。对数据分配器而言，则是把送来的 XIN1 分配到 XOUT1 端。各路信号不是同时传送，但传输线减少了。

📝 知识拓展

1. 真值表的发明

真值表是用来在弗雷格、罗素等开发的命题演算时使用的，它是在 1917 年由维特根斯坦和 1921 年由 Emil Post 各自独立发明的。真值表最初是作为一项逻辑矩阵的发现而产生的，由 19 世纪卓越的逻辑学家、美国人查尔士·山德尔斯·皮尔士以逻辑矩阵形式的发现，为命题逻辑现代系统做出了重大贡献。维特根斯坦的《逻辑哲学》一书中使用它们把真值函数置于序列中，这个著作的广泛影响导致了真值表的传播。

2. 逻辑的概念

逻辑（理则学）源自古典希腊语 "logos"，最初的意思是 "词语" 或 "言语"，英语 "logic" 最早被清末的严复翻译成汉语 "逻辑"。

逻辑是人的一种抽象思维，是人通过概念、判断、推理、论证来理解和区分客观世界的思维过程。

它是在形象思维和直觉顿悟思维基础上对客观世界的进一步抽象。所谓抽象是认识客观世界时舍弃个别的、非本质的属性，抽出共同的、本质的属性的过程，是形成概念的必要手段。"逻辑" 的本义是指 "推理规则" 或 "必然推理规则"，其本质就是思维的规律和规则，是对思维过程的抽象。

✍ 学习评价

评价项目	评价内容	评价标准			评价方式			备注
		优 （20分）	良 （15分）	一般 （10分）	自评	互评	师评	
学习态度	1.学习目标明确，重视学习过程的反思，积极优化学习方法 2.逐步形成浓厚的学习兴趣 3.保质保量按时完成作业 4.重视自主探索、自主学习，拓展视野	积极、热情、主动	积极，热情但欠主动	态度一般				
学习方式	1.学生个体的自主学习能力强，会倾听、思考、表达和质疑 2.学生普遍有浓厚的学习兴趣，在学习过程中参与度高 3.学生之间能采取合作学习的方式，并在合作中分工明确地进行有序和有效的探究	自主学习能力强，会倾听、思考、表达和质疑	自主学习能力较强，会倾听、思考、表达	自主学习能力一般，会倾听				
合作意识	1.积极参加合作学习，勇于接受任务，敢于承担责任 2.加强小组合作，取长补短，共同提高 3.乐于助人，积极帮助学习有困难的同学 4.公平、公正地进行自评和互评	合作意识强，组织能力好，与别人互相提高	能与他人合作，并积极帮助有困难的学生	有合作意识，但总结能力不强				
探究活动	1.积极尝试、体验研究的过程 2.逐步形成严谨的科学态度、不怕困难的科学精神 3.善于观察分析，提出有意义的问题	理解深刻	理解较浅	理解模糊				
知识应用	自觉养成应用所学知识解决实际问题的意识，增强综合应用能力	能很灵活地运用知识解决问题	较灵活地运用知识解决问题	应用知识技能一般				
其他附加	情感、态度、价值观的转变	学习态度、认知水平有很大提高	学习态度、认知水平有较大提高	学习态度、认知水平有些提高				

任务 5-2 学习常见组合逻辑电路

学习目标

知识目标：

（1）了解编码器和译码器的原理。

（2）了解二进制的算法及应用。

能力目标：

（1）能够正确分析组合逻辑电路。

（2）能分析 74LS747、8421BCD、74LS138 和 74HC42 的工作原理。

重点难点：

（1）二进制编码器和二 - 十进制编码器的原理与分析。

（2）二进制译码器和二 - 十进制译码器的原理与分析。

学习引导

某生产线需要对产品进行计数，现在需要对生产线进行改造，要求传感器每检测到一个产品时，计数器就自动加 1；再检测一个产品，再次加 1；依此类推，检测到 N 个产品，加法器就加 N。

任务分析

加法器是一个非常接近人们生活的产品，如今它的应用十分广泛，从各种各样的小型数字仪表到大型数字计算机，几乎无处不在，如常见的"数字计算器"、生产线中的"计数器"等。加法器的本质就是脉冲累加。

必备知识

编码器和译码器是常用的组合逻辑电路。编码就是用二进制代码表示特定对象的过程，编码器就是能够实现编码功能的数字电路。其输入为被编信号，输出为二进制代码。例如，常见的计算机键盘下面就连接了编码器，当有某个键被按下时，编码器就自动产生一个计算机能识别的二进制代码，以便于计算机进行相应的处理。译码是编码的逆过程，就是将给定的代码翻译成特定的信号 (对象)，译码器就是能实现译码功能的数字电路，可用于驱动显示电路或控制其他部件工作等。

1. 编码器

按输出代码种类的不同，编码器可分为二进制编码器和二 - 十进制编码器。

（1）二进制编码器。图 5-4 所示为一个三位二进制编码器逻辑电路，它是用三位二进制代码对 8 个对象（2^3=8）进行编码，由于输入有 8 个逻辑变量，输出有 3 个逻辑函数，所以又称为 8 线 -3 线编码器。

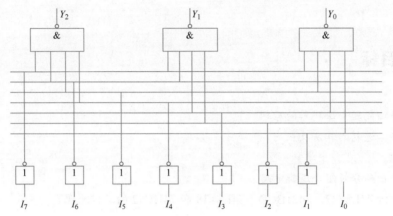

图 5-4　三位二进制编码器逻辑电路

根据前述的组合逻辑电路的分析方法，首先由逻辑图可以写出该编码器的输出函数表达式为

$$Y_2=I_4+I_5+I_6+I_7$$
$$Y_1=I_2+I_3+I_6+I_7$$
$$Y_0=I_1+I_3+I_5+I_7$$

由逻辑表达式可以列出该编码器的真值表（表 5-2）。

表 5-2　三位二进制编码器的真值表

输入（8个）								输出		
I_0	I_1	I_2	I_3	I_4	I_5	I_6	I_7	Y_2	Y_1	Y_0
1	0	0	0	0	0	0	0	0	0	0
0	1	0	0	0	0	0	0	0	0	1
0	0	1	0	0	0	0	0	0	1	0
0	0	0	1	0	0	0	0	0	1	1
0	0	0	0	1	0	0	0	1	0	0
0	0	0	0	0	1	0	0	1	0	1
0	0	0	0	0	0	1	0	1	1	0
0	0	0	0	0	0	0	1	1	1	1

实际的集成电路常设计成优先编码方式，即允许同时有几个输入端出现"1"，但只对其中优先级别最高的对象进行编码。图 5-5 所示为中规模集成电路 8 线 -3 线优先编码器 74LS748 的引脚排列。

表 5-3 是编码器 74LS748 的功能真值表，INPUTS 中 IN0~IN7 代表 8 位输入，OUTPUTS 中（Y0~Y2）代表 3 位输出。输入和输出均为低电平有效，即 INPUTS 中 IN0~IN7 或 OUT-PUTS 中 Y0~Y2 为"0"时，表示有输入或输出信号。为了扩展功能，还增加了使能输入端 EI、优先标志输出端 GS 和使能输出端 EO。

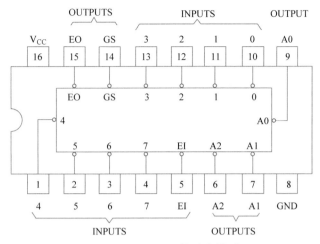

图 5-5　74LS748 的引脚排列

表 5-3　74LS748 的功能真值表

INPUTS（输入）									OUTPUTS（输出）				
EI	IN0	IN1	IN2	IN3	IN4	IN5	IN6	IN7	Y0	Y1	Y2	GS	EO
1	×	×	×	×	×	×	×	×	1	1	1	1	1
0	×	×	×	×	×	×	×	0	0	0	0	0	1
0	×	×	×	×	×	×	0	1	0	0	1	0	1
0	×	×	×	×	×	0	1	1	0	1	0	0	1
0	×	×	×	×	0	1	1	1	0	1	1	0	1
0	×	×	×	0	1	1	1	1	1	0	0	0	1
0	×	×	0	1	1	1	1	1	1	0	1	0	1
0	×	0	1	1	1	1	1	1	1	1	0	0	1
0	0	1	1	1	1	1	1	1	1	1	1	0	1
0	1	1	1	1	1	1	1	1	1	1	1	1	0

　　由真值表可以看出优先顺序：IN7 为最高优先，因为只要 IN7=0，不管其他输入端是 0 还是 1，输出总对应着 IN7 的编码。优先从 IN7 起，依次为 IN6、IN5、IN4、IN3、IN2、IN1，最低优先是 IN0。

　　该电路的功能为：当 EI 为低电平时允许编码器工作，若输入端有多个为低电平，则只对其最高位编码，在输出端输出对应的三位二进制代码的反码。此时，使能输出端 EO 为高电平，优先标志端 GS 为低电平；而当 EI 为高电平时，电路禁止编码器工作。

　　（2）二 - 十进制编码器。将十进制数 0~9 共 10 个对象用 BCD 码来表示的电路，称为二 - 十进制编码器。其中最常用的二 - 十进制编码器就是 8421BCD 编码器，也称为 10 线 -4 线编码器。它的逻辑电路如图 5-6 所示，表 5-4 是它的简化功能真值表。

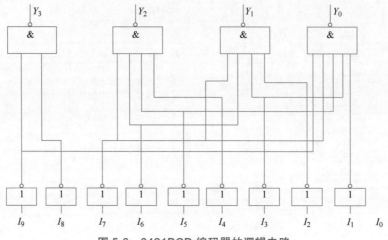

图 5-6　8421BCD 编码器的逻辑电路

表 5-4　8421BCD 编码器的功能真值表

输入十进制数	输出（8421BCD 码）			
	Y_3	Y_2	Y_1	Y_0
0	0	0	0	0
1	0	0	0	1
2	0	0	1	0
3	0	0	1	1
4	0	1	0	0
5	0	1	0	1
6	0	1	1	0
7	0	1	1	1
8	1	0	0	0
9	1	0	0	1

由逻辑电路或真值表可得输出各端的表达式为

$$Y_3=I_8+I_9$$
$$Y_2=I_4+I_5+I_6+I_7$$
$$Y_1=I_2+I_3+I_6+I_7$$
$$Y_0=I_1+I_3+I_3+I_7+I_9$$

（注：这里的"+"表示相"或"）

　　二 - 十进制编码器也有优先编码器。常见型号有中规模集成电路 74HCT147 等，其工作原理类似于前述的二进制优先编码器。

2. 译码器

　　译码器也称为解码器。译码器的功能与编码器相反，它将具有特定含义的二进制代码按其原意"翻译"出来，并转换成相应的输出信号。与编码器相对应，也分为二进制译码器和十进制译码器，此外还有一种常用的显示译码器。

译码器的使用场合非常广泛。例如，数字仪表中的各种显示译码器，计算机中的地址译码器、指令译码器，通信设备中由译码器构成的分配器，以及各种代码变换译码器等。在实际应用中，有许多译码器集成芯片可供选择，如二进制译码器、二一十进制译码器和数字显示译码器等。

（1）二进制译码器　最常用的二进制译码器就是中规模集成电路 74 LS138，它是一个 3 线 -8 线译码器，其引脚排列和逻辑电路如图 5-7 所示，其功能真值表见表 5-5。

当一个选通端（S_1）为高电平，另两个选通端（S_2 和 S_3）为低电平时，可将地址端（A、B、C）的二进制编码在一个对应的输出端以低电平译出。利用 S_1、S_2 和 S_3 可级联扩展成 2 线 -4 线译码器；若外接一个反相器还可级联扩展成 3 线 -2 线译码器。

若将选通端中的一个作为数据输入端时，74LS138 还可作数据分配器使用。

无论从逻辑电路还是功能真值表中都可以看到 74LS138 的 8 个输出引脚，任何时刻要么全为高电平 1（芯片处于不工作状态），要么只有一个为低电平 0，其余 7 个输出引脚全为高电平 1。如果出现两个输出引脚同时为 0 的情况，说明该芯片已经损坏。

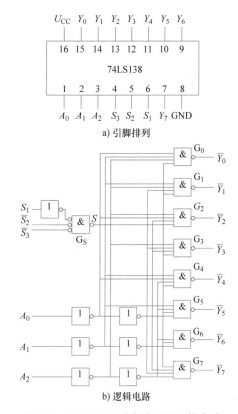

a) 引脚排列

b) 逻辑电路

图 5-7　74LS138 引脚排列和逻辑电路

表 5-5　74LS138 的功能真值表

输入					输出							
S_1	S_2+S_3	A_2	A_1	A_0	Y_0	Y_1	Y_2	Y_3	Y_4	Y_5	Y_6	Y_7
0	X	X	X	X	1	1	1	1	1	1	1	1
X	1	X	X	X	1	1	1	1	1	1	1	1
1	0	0	0	0	0	1	1	1	1	1	1	1
1	0	0	0	1	1	0	1	1	1	1	1	1
1	0	0	1	0	1	1	0	1	1	1	1	1
1	0	0	1	1	1	1	1	0	1	1	1	1
1	0	1	0	0	1	1	1	1	0	1	1	1
1	0	1	0	1	1	1	1	1	1	0	1	1
1	0	1	1	0	1	1	1	1	1	1	0	1
1	0	1	1	1	1	1	1	1	1	1	1	0

74LS138 有 3 个附加的控制端，当输出为高电平时，译码器处于工作状态；否则，译码器被禁止，所有的输出端被封锁在高电平。这 3 个控制端也叫作"片选"输入端，利用片选的作

用可以将多片连接起来以扩展译码器的功能。

【例 5-1】 74LS138 3 线 -8 线译码器各输入端的连接情况及第 6 引脚输入信号 A 的波形如图 5-8 所示。试画出 8 个输出引脚的波形。

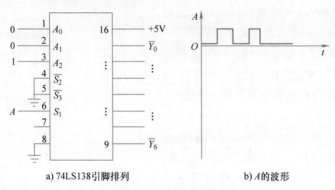

a) 74LS138引脚排列　　　　b) A的波形

图 5-8　引脚排列和波形

解　由 74LS138 的功能表知，当（A 为低电平段）译码器不工作时，8 个输出引脚全为高电平，当（A 为高电平段）译码器处于工作状态时，因其余 7 个引脚输出全为高电平，可知在输入信号 A 的作用下，8 个输出引脚的波形与 A 反相。

其余各引脚的输出恒等于 1（高电平）与 A 的波形无关。

（2）二 - 十进制译码器　典型的二 - 十进制译码器有很多种型号。其中，中规模集成电路 74HC42 的引脚排列如图 5-9 所示，其功能真值表见表 5-6。

该译码器有 4 个输入端（4 位的 8421BCD 码）和 10 个输出端（10 个十进制的数码 0~9），所以也称为 4 线 -10 线译码器。对于 8421BCD 码以外的 4 位代码（称为无效码或伪码），输出端全为 "1"，而该电路为输出低电平 "0" 有效，所以它拒绝 "翻译" 6 个伪码。

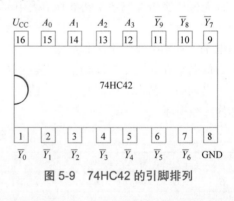

图 5-9　74HC42 的引脚排列

表 5-6　译码器 74HC42 的功能真值表

序号	输入（4 个）				输出（10 个）									
	A_3	A_2	A_1	A_0	$\overline{Y}_9$	$\overline{Y}_8$	$\overline{Y}_7$	$\overline{Y}_6$	$\overline{Y}_5$	$\overline{Y}_4$	$\overline{Y}_3$	$\overline{Y}_2$	$\overline{Y}_1$	$\overline{Y}_0$
0	0	0	0	0	1	1	1	1	1	1	1	1	1	0
1	0	0	0	1	1	1	1	1	1	1	1	1	0	1
2	0	0	1	0	1	1	1	1	1	1	1	0	1	1
3	0	0	1	1	1	1	1	1	1	1	0	1	1	1
4	0	1	0	0	1	1	1	1	1	0	1	1	1	1
5	0	1	0	1	1	1	1	1	0	1	1	1	1	1
6	0	1	1	0	1	1	1	0	1	1	1	1	1	1
7	0	1	1	1	1	1	0	1	1	1	1	1	1	1

（续）

序号	输入（4 个）				输出（10 个）									
	A_3	A_2	A_1	A_0	$\overline{Y_9}$	$\overline{Y_8}$	$\overline{Y_7}$	$\overline{Y_6}$	$\overline{Y_5}$	$\overline{Y_4}$	$\overline{Y_3}$	$\overline{Y_2}$	$\overline{Y_1}$	$\overline{Y_0}$
8	1	0	0	0	1	0	1	1	1	1	1	1	1	1
9	1	0	0	1	0	1	1	1	1	1	1	1	1	1
伪码	1	0	1	0	1	1	1	1	1	1	1	1	1	1
	1	0	1	1	1	1	1	1	1	1	1	1	1	1
	1	1	0	0	1	1	1	1	1	1	1	1	1	1
	1	1	0	1	1	1	1	1	1	1	1	1	1	1
	1	1	1	0	1	1	1	1	1	1	1	1	1	1
	1	1	1	1	1	1	1	1	1	1	1	1	1	1

（3）显示译码器　显示数字或符号的显示器一般应与计数器、译码器、驱动器等配合使用，其流程框图如图 5-10 所示。

图 5-10　译码显示电路流程框图

在数字计算系统及数字式测量仪表（如数字式万用表、电子表及电子钟等）中，常常需要把译码后获得的结果或数据直接以十进制数字的形式显示出来，因此，必须用译码器的输出去驱动显示器件。具有这种功能的译码器称为显示译码器。显示器件有多种形式，其中最常用的是七段数码显示器，如图 5-11 所示。

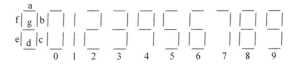

图 5-11　七段数码显示器及显示的数字图形

常用的显示器件有荧光数码管、液晶数码管（LCD）和半导体数码管（LED）等。七段半导体数码管是由 7 只发光二极管按"日"字形排列的。按数码管内二极管连接方式的不同，可分为共阴极和共阳极两种，如图 5-12 所示。为防止电路中电流过大而烧坏二极管，在每只二极管的支路中都串联了一个限流电阻。

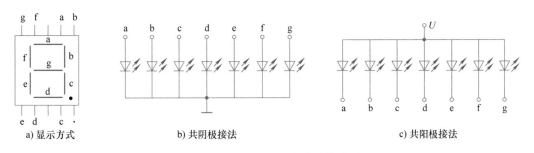

a) 显示方式　　　　　b) 共阴极接法　　　　　c) 共阳极接法

图 5-12　七段数码显示器的连接方式

74LS47 是 BCD 七段数码管译码器驱动器。74LS47 的功能是将 BCD 码转化成数码管中的数字。通过它进行解码，可以直接把数字转换为数码管的数字，从而简化了程序，节约了单片机的输入输出设备。由于目前从节约成本的角度考虑，此类芯片已经很少采用，大部分情况下都是用动态扫描数码管的形式来实现数码管显示。

在图 5-13 中，16、3、4 脚和 5 脚为四线输入（4 位 8421BCD 码），a~g 为七段输出，输出为低电平有效。此外，该集成电路的其他几个功能端在此不再赘述。

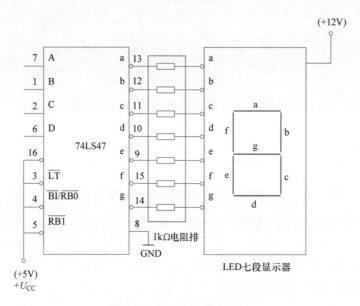

图 5-13　74LS47 引脚排列

📎 知识链接

常用编码器和译码器的功能及型号见表 5-7。

表 5-7　常用编码器和译码器的功能及型号

类型	型号	功能
编码器	74148、74LS148、74HC148	8 线 -3 线优先编码器
	74147、74LS147、74HC147	10 线 -4 线优先编码器（BCD 码输出）
	74LS348	8 线 -3 线优先编码器（三态输出）
译码器	74LS138、HC138	3 线 -8 线译码器
	74LS139、CD4555	双 2 线 -4 线译码器
	74LS154、CD4514	4 线 -16 线译码器
	74LS42、CD4511、CD4028	二 - 十进制译码器
	74LS46、CC4511	BCD- 七段译码器 / 驱动器

✍ 学习评价

评价项目	评价内容	评价标准			评价方式			备注
		优（20分）	良（15分）	一般（10分）	自评	互评	师评	
学习态度	1. 学习目标明确，重视学习过程的反思，积极优化学习方法 2. 逐步形成浓厚的学习兴趣 3. 保质保量按时完成作业 4. 重视自主探索、自主学习，拓展视野	积极、热情、主动	积极，热情但欠主动	态度一般				
学习方式	1. 学生个体的自主学习能力强，会倾听、思考、表达和质疑 2. 学生普遍有浓厚的学习兴趣，在学习过程中参与度高 3. 学生之间能采取合作学习的方式，并在合作中分工明确地进行有序和有效的探究	自主学习能力强，会倾听、思考、表达和质疑	自主学习能力较强，会倾听、思考、表达	自主学习能力一般，会倾听				
合作意识	1. 积极参加合作学习，勇于接受任务，敢于承担责任 2. 加强小组合作，取长补短，共同提高 3. 乐于助人，积极帮助学习有困难的同学 4. 公平、公正地进行自评和互评	合作意识强，组织能力好，与别人互相提高	能与他人合作，并积极帮助困难的学生	有合作意识，但总结能力不强				
探究活动	1. 积极尝试、体验研究的过程 2. 逐步形成严谨的科学态度、不怕困难的科学精神 3. 善于观察分析，提出有意义的问题	理解深刻	理解较浅	理解模糊				
知识应用	自觉养成应用所学知识解决实际问题的意识，增强综合应用能力	能很灵活地运用知识解决问题	较灵活地运用知识解决问题	应用知识技能一般				
其他附加	情感、态度、价值观的转变	学习态度、认知水平有很大提高	学习态度、认知水平有较大提高	学习态度、认知水平有些提高				

任务 5-3　编码、译码及显示电路的安装与测试

🥕 学习目标

知识目标：

（1）掌握编码、译码器的工作原理。

（2）掌握集成编码、译码器的逻辑功能。

（3）了解 CD4069 的外形及引脚功能。

（4）了解 CT74LS147 型 10 线 -4 线优先编码器的外形及引脚功能。

（5）了解 CT74LS247 型共阳极显示译码器的外形及引脚功能。

（6）了解共阳极 LED 数码管的外形及引脚功能。

能力目标：

（1）掌握电路板的焊接方法。

（2）掌握集成编码、译码器的级联方法。

（3）掌握电烙铁的正确使用方法。

（4）能正确装配焊接电路，正确插接集成电路，掌握电路板的设计，完成电路板的安装与调试。

任务描述

根据需求，某企业需要一台数字显示器，要求可以随意显示 0~9 内的任意数字，并且可以随时切换数字。要求同学们根据需求制作设备。

必备知识

数码显示器是数码显示电路的末级电路，它用来将输入的数码还原成数字。数码显示器有许多类型，使用的场所也不尽相同。在数字电路中使用较多的是液晶显示器（LCD）和发光二极管显示器（LED）。

数码显示器有以下几个特点

1）对于共阴极显示器，利用正极作分段输入的原理，用地线作公共输出，分段输入以高电平输入有效。

2）对于共阳极显示器，用阳极作集合输入，其与共阴极的接法相反，分段以低电平输出有效。

3）对于带显示器的集成电路，用一个集成电路把数字显示器封装好，不分共阴极或共阳极，只要把它当集成电路来用即可。

任务实施

1. 准备元器件

1）工具与仪表设备：+15V 稳压电源、万用表和常用电子装配工具。

2）元器件：LED 数码管，显示译码器，六反相器，10 线 -4 线优先编码器，按钮，集成电路插座及电阻器。

2. 检测元器件的性能

用数字式万用表的 be 插口检查 LED 数码管的发光情况，可判定数码管的结构形式（共阴极或共阳极类别），识别管脚，检测全亮笔段。在测试时，选择 NPN 挡时，C 孔带正电，E 孔带负电，检测时若发光暗淡，说明器件已老化，发光效率太低。如果显示的笔段残缺不全，说明数码管已局部损坏。

3. 设计电路

按照图 5-14 所示的原理图设计电路。

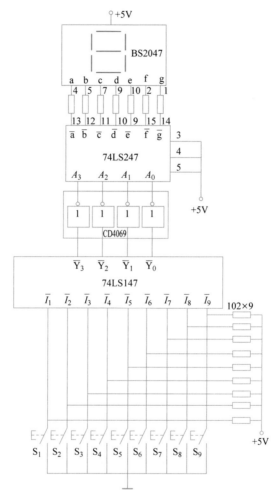

图 5-14   数码编码、译码及显示电路

对设计装配图进行认真检查无误后，进行电路板的插装与焊接。

图 5-15 所示为十进制编码、译码及显示电路实物。

4. 功能测试

安装完毕后，对照测试电路和设计的装配草图进行认真检查。经检查无误后可按以下步骤进行测试：用万用表检测电源是否有短路问题，待确认无误后插上集成电路，然后进行通电测试。

具体测试要求：假设 S_1 按下时为 "0"，未按下时为 "1"，"×"表示按钮可按下或未按下；用万用表分别测量 Y_0、Y_1、Y_2、Y_3 点的电位，观察并记录数码管的状态，将测量值和数码管的状态填入表 5-8 中。

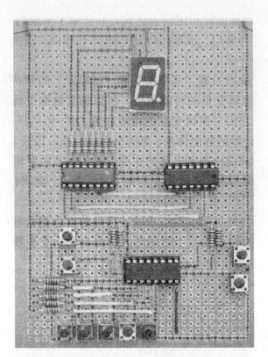

图 5-15 十进制编码、译码及显示电路实物

表 5-8 数据测试记录清单

S_9	S_8	S_7	S_6	S_5	S_4	S_3	S_2	S_1	Y_3	Y_2	Y_1	Y_0

完成测试记录后认真分析测量结果。

🔖知识链接

家用电器常用数码显示器的特点如下。

（1）辉光数码管　亮度高，价格便宜，但工作电压需要 180V，且不能和集成电路匹配。

（2）荧光数码管　体积小，亮度高，工作电压为 20V 左右，响应速度快，可以和集成电路匹配，发光为绿色。

（3）液晶显示器（LCD）　功耗小，不怕光冲击，体积紧凑，但使用温度范围窄，不能在黑暗中显示，且响应速度慢。

（4）发光二极管显示器（LED）　亮度高，字型清晰，可在低电压（1.5~3V）下工作，另外还具有体积小、寿命长、响应速度快等优点。

✎ 任务总结与评价

项目：		班级			
工作任务：		姓名		学号	
任务过程评价（100 分）					
序号	项目及技术要求	评分标准		分值	成绩
1	小组合作执行力	分工合理，全员参与，1 人不积极参与扣 5 分		25	
2	极性判别	挡位选择正确，读数正确，极性判别正确		15	
3	性能好坏的判别	材料类型、开路还是短路判别正确		15	
4	在路测量电压	正常 / 偏高 / 偏低		15	
5	分析质量；总结操作注意事项	观点明确，讲解正确，语言流畅		15	
6	挡位选择合适；结束测量后，万用表置于 OFF 挡	挡位选错扣 5 分；结束后未置于 OFF 挡		15	
总评		得分			
		教师签字：		年　月　日	

时序逻辑电路

6

时序逻辑电路是数字逻辑电路的重要组成部分。时序逻辑电路又称为时序电路，主要由存储电路和组合电路两部分组成。日常生活中会时常接触到时序逻辑电路。例如，楼房电梯的控制便是一个典型的时序逻辑问题，电梯的楼层按钮可以认为是"输入信号"，升降和楼层显示则是输出信号，而电梯会记住按过的楼层并依据按过的楼层进行调度，这种控制电路具有记忆功能。具有记忆功能的逻辑电路就称为时序逻辑电路。

时序逻辑电路其任一时刻的输出不仅取决于该时刻的输入，而且还与过去各时刻的输入有关。常见的时序逻辑电路有触发器、计数器、寄存器等。

通过本单元的学习，认识什么样的电路属于时序逻辑电路，掌握常见时序逻辑电路的应用，认识常见触发器、锁存器、寄存器、计数器并掌握它们的电路原理及其使用方法。

任务 6-1 认识时序逻辑电路

学习目标

知识目标：

（1）知道什么样的电路属于时序逻辑电路。

（2）掌握时序逻辑电路的分类。

（3）掌握常见的时序逻辑电路芯片。

（4）掌握时序逻辑电路的用途。

能力目标：

（1）能够辨别出什么样的电路属于时序逻辑电路。

（2）能够正确辨识常见时序逻辑电路芯片。

重点难点：

（1）理解时序逻辑电路的概念。

（2）掌握常见时序逻辑电路的应用。

👉 学习引导

图 6-1 所示为一种触摸式灯开关，用手摸一下接触点，开关接通，灯亮；再摸一下接触点，开关断开，灯灭。当手摸接触点时，灯的状态发生变化；而当手离开接触点后，灯的状态不会改变。可见，该控制电路具有记忆功能，属于时序逻辑电路。

图 6-1　触摸式灯开关

✔ 任务分析

由上面的案例可知，触摸开关的触碰信号可以认为是输入信号，所控制的开关状态则是输出信号。该电路的输入状态决定着输出状态，可以认为它属于组合逻辑电路，但该电路中还存在着存储单元来记录之前的状态。由图 6-2 可以看出时序逻辑电路具有以下特点。

① 时序逻辑电路是在组合逻辑电路的基础上接入反馈回路而构成的。

② 在反馈回路中含有存储单元。

由于时序逻辑电路中含有存储单元，所以电路的输出状态不仅与当时的输入状态有关，还与电路原先的状态有关。

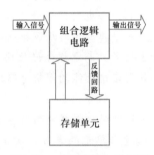

图 6-2　时序逻辑电路框图

📖 必备知识

1. 触发器

在实际的数字系统中往往包含大量的存储单元，而且经常要求它们在同一时刻同步动作。为达到这个目的，在每个存储单元电路上引入一个时钟脉冲（CLK）作为控制信号，只有当 CLK 到来时电路才被"触发"而动作，并根据输入信号改变输出状态。把这种在时钟信号触发时才能动作的存储单元电路称为触发器，以区别没有时钟信号控制的锁存器。触发器是构成时序逻辑电路的基本单元。

目前应用的触发器分为 3 种电路结构，即主从触发器、维持阻塞触发器和利用传输延迟的触发器。

按照逻辑功能分为 RS 触发器、D 触发器、JK 触发器、T 触发器和 T′触发器。其中 RS 触发器结构最为简单，它也是构成各种复杂触发器的基础。

基本 RS 触发器又称为直接复位 - 置位触发器或 RS 锁存器。

（1）电路组成　图 6-3a 所示为用两个与非门交叉连接而成的基本 RS 触发器。$\overline{R}$、$\overline{S}$ 是它的两个输入端，非号表示低电平有效，Q、$\overline{Q}$ 是它的两个输出端。基本 RS 触发器的逻辑符号如图 6-3b 所示。其中，输入端带小圆圈表示低电平触发；输出端不带小圆圈表示 Q 端，带小圆圈表示 $\overline{Q}$ 端。

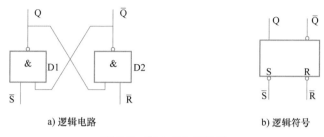

a) 逻辑电路　　　　　　　　　　　　b) 逻辑符号

图 6-3　基本 RS 触发器

（2）逻辑功能　在正常工作情况下，基本 RS 触发器的两个输出端 Q 和 $\overline{Q}$ 的状态相反，通常规定 Q 端的状态为触发器的状态。Q=1、$\overline{Q}$=0，称为 1 态；Q=0、$\overline{Q}$=1，称为 0 态。

1）$\overline{R}$=1、$\overline{S}$=1：若触发器原来处于 0 态，即 Q=0、$\overline{Q}$=1，此时 D_1 的两个输入端 $\overline{S}$、$\overline{Q}$ 均为 1，输出端 Q=0，Q=0 送到 D_2 的输入端，使 D_2 的输出端 $\overline{Q}$=1，触发器保持 0 态不变。同理，若触发器原来处于 1 态，即 Q=1、$\overline{Q}$=0，此时 D_2 的两个输入端 $\overline{R}$、Q 均为 1，输出端 $\overline{Q}$=0，$\overline{Q}$=0 送到 D_1 的输入端，使 D_1 的输出端 Q=1，触发器保持 1 态不变。

可见，触发器未输入低电平信号时，总是保持原来状态不变，这就是触发器的记忆功能。

2）$\overline{S}$=0、$\overline{R}$=1：由于 $\overline{S}$=0，D_1 的输出端 Q=1。因此，D_2 的两个输入端 $\overline{R}$、Q 均为 1，则 $\overline{Q}$=0，触发器被置为 1 态，故称 $\overline{S}$ 端为置 1 端或置位端。

3）$\overline{R}$=0、$\overline{S}$=1：由于 $\overline{R}$=0，D_2 的输出端 $\overline{Q}$=1，因此 D_1 的两个输入端 $\overline{S}$、$\overline{Q}$ 均为 1，则 Q=0，触发器被置为 0 态，故称 $\overline{R}$ 端为置 0 端或复位端。

4）$\overline{R}$=0、$\overline{S}$=0：显然，在这种情况下，Q 和 $\overline{Q}$ 被迫同时为 1，失去了原有的互补关系。当 $\overline{R}$、$\overline{S}$ 的低电平触发信号同时消失后（即 $\overline{R}$ 和 $\overline{S}$ 同时变为 1），Q 和 $\overline{Q}$ 的状态不能确定。因此，必须避免出现 $\overline{R}$ 和 $\overline{S}$ 同时为 0 的情况；否则会出现逻辑混乱。表 6-1 所列为输入输出对照。

表 6-1　输入输出对照

输入		输出	功能说明
$\overline{R}$	$\overline{S}$	Q^{n+1}	
0	0	×	禁止
0	1	0	置 0
1	0	1	置 1
1	1	Q^{n}	保持

2. 锁存器

锁存器和触发器（有的地方锁存器也称为触发器，但实际上两者是有差别的）一样，是构成各种时序电路的存储单元电路，其共同特点是都具有 0 和 1 两种稳定状态，一旦状态被确定，就能自行保持，即长期存储一位二进制码，直到有外部信号作用时才有可能改变。锁存器是一种对脉冲电平敏感的存储单元电路，它们可以在特定输入脉冲电平作用下改变状态。而由不同锁存器构成的触发器则是一种对脉冲边沿敏感的存储电路，它们只有在作为触发信号的时钟脉冲上升沿或下降沿的变化瞬间才能改变状态。

基本的锁存器类型有 SR 锁存器、D 锁存器等。

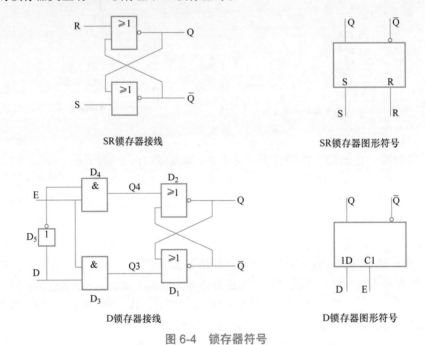

图 6-4　锁存器符号

🔖知识链接

同步 RS 触发器：由时钟脉冲控制的 RS 触发器称为同步 RS 触发器，也称为钟控 RS 触发器。

边沿 RS 触发器：指的是接收时钟脉冲的某一约定跳变（正跳变或负跳变）来到时的输入数据，在时钟脉冲为 1 及时钟脉冲为 0 期间以及时钟脉冲非约定跳变到来时，不接收数据的触发器。

✍学习评价

评价项目	评价内容	评价标准			评价方式			备注
		优（20分）	良（15分）	一般（10分）	自评	互评	师评	
学习态度	1. 学习目标明确，重视学习过程的反思，积极优化学习方法 2. 逐步形成浓厚的学习兴趣 3. 保质保量按时完成作业 4. 重视自主探索、自主学习，拓展视野	积极、热情、主动	积极、热情，但欠主动	态度一般				

（续）

评价项目	评价内容	评价标准			评价方式			备注
		优（20分）	良（15分）	一般（10分）	自评	互评	师评	
学习方式	1.学生个体的自主学习能力强，会倾听、思考、表达和质疑 2.学生普遍有浓厚的学习兴趣，在学习过程中参与度高 3.学生之间能采取合作学习的方式，并在合作中分工明确地进行有序和有效的探究	自主学习能力强，会倾听、思考、表达和质疑	自主学习能力较强，会倾听、思考、表达	自主学习能力一般，会倾听				
合作意识	1.积极参加合作学习，勇于接受任务，敢于承担责任 2.加强小组合作，取长补短，共同提高 3.乐于助人，积极帮助学习有困难的同学 4.公平、公正地进行自评和互评	合作意识强，组织能力好，与别人互相提高	能与他人合作，并积极帮助有困难的学生	有合作意识，但总结能力不强				
探究活动	1.积极尝试、体验研究的过程 2.逐步形成严谨的科学态度、不怕困难的科学精神 3.善于观察分析，提出有意义的问题	理解深刻	理解较浅	理解模糊				
知识应用	自觉养成应用所学知识解决实际问题的意识，增强综合应用能力	能很灵活地运用知识解决问题	较灵活地运用知识解决问题	应用知识技能一般				
其他附加	情感、态度、价值观的转变	学习态度、认知水平有很大提高	学习态度、认知水平有较大提高	学习态度、认知水平有些提高				

任务6-2 认识锁存器

学习目标

知识目标：
（1）掌握锁存器的基本特性。
（2）掌握74LS373芯片的用法。
能力目标：
（1）会使用锁存器。
（2）能设计基本锁存电路。
重点难点：
（1）掌握锁存器的用途。
（2）了解常见锁存器芯片及其应用。

✎ 任务描述

当控制芯片连接片外存储器时，接上锁存器，可以实现地址的复用。假设控制芯片端口的8路 I/O 引脚，既要用于地址信号又要用于数据信号，这时就可以用锁存器先将地址锁存起来（具体操作：先送地址信息，由 ALE 使能锁存器将地址信息锁存在外设的地址端，然后送数据信息和读写使能信号，在指定的地址进行读写操作）。

锁存器和触发器都是构成各种时序电路的存储单元电路，其共同特点是都具有 0 和 1 两种稳定状态，一旦状态被确定，就能自行保持，即长期存储一位二进制码，直到有外部信号作用时才有可能改变。

📖 必备知识

1. 锁存器的工作原理和应用

（1）锁存器的工作原理　锁存器是一种对脉冲电平敏感的存储单元电路，它们可以在特定输入脉冲电平作用下改变状态。锁存就是把信号暂存以维持某种电平状态。锁存器的最主要作用是缓存；其次是完成高速控制器与慢速外设的不同步问题；再次是解决驱动的问题；最后是解决一个 I/O 口既能输出也能输入的问题。锁存器利用电平控制数据的输入，它包括不带使能控制的锁存器和带使能控制的锁存器。

CMOS 反相器的功能是可以使输出获得跟输入相反的逻辑值。如果把两个反相器的输入跟输出连接在一起会出现什么情况呢？如图 6-5 所示，假设某个时刻反相器 A 的输入是 1，那么其输出会是 0;因为 A 的输出连接到 B 的输入端，即反相器 B 的输入为 0，那么其输出会变为 1；又因为 B 的输出连接到 A 的输入端，即 B 输出的 1 反馈回 A 的输入，对刚才假设的"A 的输入为 1"进行了确认和加强。此时 A 的输入确实为 1，按 A 和 B 的输入输出连接关系，又走了一遍刚才的路程，如此循环，结果是反相器 A 的输出稳定为 0，反相器 B 的输出稳定为 1。这个结构的电路有两个稳定的状态，一般称为双稳态电路。可见，类似的双稳态电路可以稳定地保持其节点中的值（数据），具有记忆功能，这就是锁存器的工作原理。

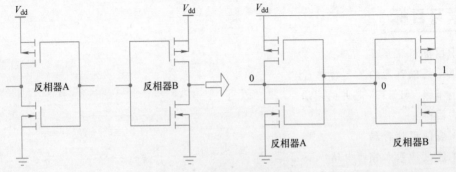

图 6-5　锁存器的工作原理

从上面的介绍可以看出，首尾相接的两个反相器构成了互相反馈耦合的形态，这就是锁存器的基本电路结构。但这只是基于一个假设，假设反相器 A 的输入为 1，那么它的输出为 0，两个反相器连在一起通过互相反馈加强，则能保持 0 和 1 两个值。如果没有这个假设，它能保存的值将是不确定的。这类似于"鸡生蛋还是蛋生鸡"，要将此电路当锁存器使用，就必须打破这个"是输入先有 0，还是输出先反馈回 1"的僵局。于是给它加了两个输入端，由于反相器只有一个输入，因此改用或非门来代替。根据或非门"只要有一个输入为 1，其输出就为 0"的特性，当 $R=1$ 时，虽然有反馈存在，也可以强制输出 Q=0；当 S=1 时，则强制输出 Q=1。这就是 SR 锁存器（R 为 Reset，清零的意思；S 为 Set，置 1 的意思）。

SR 锁存器的结构是最基本的锁存结构，实际应用中一般会进行各种改造和扩展，至少会增加一个输入端作为控制信号，该信号有效时，锁存器能持续地输入、输出数据。其控制信号一般为高电平，因此锁存器是一种对脉冲电平敏感的存储单元电路，可以在特定输入脉冲电平作用下改变状态。锁存器的最主要作用是缓存，除了特殊用途，如异步电路或很简单的逻辑电路，其他场合已经很少直接应用锁存器了。这是因为其结构简单且对电平敏感，不适合在主流的对时钟敏感的集成电路中应用。一般都是使用以锁存器为基础的触发器或寄存器。

（2）锁存器的应用　锁存器就是输出端的状态不会随输入端的状态变化而变化，仅在有锁存信号时输入的状态才被保存到输出，直到下一个锁存信号到来时才改变。锁存器多用于集成电路中，在数字电路中作为时序电路的存储元件，在某些运算器电路中有时采用锁存器作为数据暂存器。锁存器封装为独立的产品后也可以单独应用，数据有效延迟于时钟信号有效。这意味着时钟信号先到，数据信号后到。

在某些应用中，单片机的 I/O 口上需要外接锁存器。例如，当单片机连接片外存储器时，要接上锁存器，这是为了实现地址的复用。假设 MCU 端口中的 8 路 I/O 引脚既要用于地址信号又要用于数据信号，这时就可以用锁存器先将地址锁存起来。

8051 访问外部存储器时 P0 口和 P2 口共同作为地址总线，P0 口常先接锁存器再接存储器，以防总线间发生冲突。而 P2 口直接接存储器，这是因为单片机内部时序只能锁住 P2 口的地址，如果用 P0 口传输数据时不用锁存器，地址就改变了。

使用锁存器来区分单片机的地址和数据，8051 系列的单片机用得比较多，也有一些单片机内部有地址锁存功能，如 8279 就不用锁存器了。

> **✓ 提示**
>
> 　　在单片机的应用中，并不是一定要接锁存器，而是要看其地址线和数据线的安排，只有数据和地址线复用的情况下才需要锁存器，其目的是防止在传输数据时地址线被数据影响。这是由单片机数据与地址总线复用造成的，接 RAM 时加锁存器是为了锁存地址信号。
>
> 　　如果单片机的总线接口只有一种用途，则不需要接锁存器；如果要使单片机的总线接口有两种用途，就要用两个锁存器。例如，一个接口要控制两个 LED，对第一个LED 送数据时，"打开"第一个锁存器而"锁住"第二个锁存器，使第二个 LED 上的数据不变；对第二个 LED 送数据时，"打开"第二个锁存器而"锁住"第一个锁存器，使第一个 LED 上的数据不变。如果要使单片机的一个接口有 3 用途，则可用 3 个锁存器，操作过程相似。然而在实际应用中并不这样做，只用一个锁存器就可以了，并用一根 I/O 口线控制锁存器（接 74LS373 的 LE，而 OE 可恒接地）。所以，就这一种用法而言，可以把锁存器视为单片机 I/O 口的扩展器。

2. 锁存器芯片 74LS373

74LS373 是一个带三态缓冲输出的 8D 锁存器，其输出端 Q0~Q7 可直接与总线相连。当锁存允许端 LE 为高电平时，Q 随数据 D 而变。图 6-6 所示为 74LS373 的逻辑电路与芯片实物。

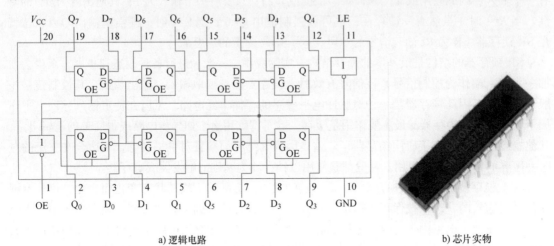

a) 逻辑电路   b) 芯片实物

图 6-6　74LS373 的逻辑电路与芯片实物

锁存允许端 LE 由高电平变为低电平时，输出端 8 位信息被锁存，直到 LE 端再次有效。当三态门使能信号 OE 为低电平时，三态门导通，允许 Q_0~Q_7 输出，OE 为高电平时，输出悬空。当 74LS373 用作地址锁存器时，应使 OE 为低电平，此时锁存使能端 LE 为高电平，输出 Q_0~Q_7 状态与输入端 D_1~D_7 状态相同；当 LE 发生负的跳变时，输入端 D_0~D_7 数据锁入 Q_0~Q_7。51 单片机的 ALE 信号可以直接与 74LS373 的 LE 连接。表 6-2 所示为 74LS373 真值表。

表 6-2　74LS373 真值表

输入 Dn	LE	OE	输入 Qn
H	H	L	H
L	H	L	L
×	L	L	Q_0（保持之前电平）
×	×	H	高阻态

✍ 学习评价

评价项目	评价内容	评价标准			评价方式			备注
		优（20分）	良（15分）	一般（10分）	自评	互评	师评	
学习态度	1. 学习目标明确，重视学习过程的反思，积极优化学习方法 2. 逐步形成浓厚的学习兴趣 3. 保质保量按时完成作业 4. 重视自主探索、自主学习，拓展视野	积极、热情、主动	积极、热情，但欠主动	态度一般				

（续）

评价项目	评价内容	评价标准			评价方式			备注
		优（20分）	良（15分）	一般（10分）	自评	互评	师评	
学习方式	1.学生个体的自主学习能力强，会倾听、思考、表达和质疑 2.学生普遍有浓厚的学习兴趣，在学习过程中参与度高 3.学生之间能采取合作学习的方式，并在合作中分工明确地进行有序和有效的探究	自主学习能力强，会倾听、思考、表达和质疑	自主学习能力较强，会倾听、思考、表达	自主学习能力一般，会倾听				
合作意识	1.积极参加合作学习，勇于接受任务，敢于承担责任 2.加强小组合作，取长补短，共同提高 3.乐于助人，积极帮助学习有困难的同学 4.公平、公正地进行自评和互评	合作意识强，组织能力好，与别人互相提高	能与他人合作，并积极帮助有困难的学生	有合作意识，但总结能力不强				
探究活动	1.积极尝试、体验研究的过程 2.逐步形成严谨的科学态度、不怕困难的科学精神 3.善于观察分析，提出有意义的问题	理解深刻	理解较浅	理解模糊				
知识应用	自觉养成应用所学知识解决实际问题的意识，增强综合应用能力	能很灵活地运用知识解决问题	较灵活地运用知识解决问题	应用知识技能一般				
其他附加	情感、态度、价值观的转变	学习态度、认知水平有很大提高	学习态度、认知水平有较大提高	学习态度、认知水平有些提高				

任务 6-3　循环彩灯电路的安装与调试

学习目标

知识目标：

（1）能够掌握寄存器的功能及特点。

（2）能够掌握寄存器的分类及区别。

（3）能够掌握移位寄存器的结构和功能。

能力目标：

（1）能够掌握 74LS194 芯片的特性及工作方式。

（2）能够分析 74LS194 循环彩灯控制电路。

（3）能够组装 74LS194 循环彩灯控制电路。

重点难点：

（1）理解寄存器的功能。

（2）掌握寄存器的使用方法。

📝 任务描述

近年来，随着人们生活水平的大幅提高，人们对物质生活的要求也在逐渐提高，不仅是对各种各样生活电器的需要，也开始在环境的幽雅方面有了更高的要求。比如荧光灯已经不能满足日常需要，彩灯的运用已经遍布于人们的生活中，从歌舞厅到卡拉 OK 包房，从节日的祝贺到日常生活中的点缀……这些不仅说明了人们对生活的要求有了质的飞跃，也说明科技在现实运用中有了较大的发展。例如：循环彩灯控制电路很多，循环方式更是多种多样，而且也出现了专门的可编程彩灯集成电路。绝大多数的彩灯控制电路都是用数字电路来实现的。

✔ 任务分析

循环彩灯可以设置各种不同的循环方式，大都基于上一个的点亮状态进行移位从而获得当前状态，这就需要记录之前的状态，而寄存器便具有记录功能，即可通过寄存器来记录彩灯的状态，以此实现彩灯的工作循环。

📖 必备知识

1. 寄存器

在各种数字系统中，寄存器几乎无所不在。特别是一些大型的数字处理系统，往往不可能一次性地把所有的数据都处理好，因此在数据处理的过程中必须把需要处理的某些数据、代码先寄存起来，以便在需要时随时取用。

在数字电路系统工作过程中，把正在处理的二进制数据或代码暂时存储起来的操作叫作寄存，实现寄存功能的电路称为寄存器。寄存器是一种最基本的时序逻辑电路。

基本寄存器是由触发器组成的，一个触发器就是一个寄存器，它可以存储一位二进制数码。需要存储 4 位二进制数码时，只要把 4 个触发器并联起来，就可以组成一个 4 位二进制寄存器，它能接收和存储 4 位二进制数码。图 6-7 是由 4 个 D 触发器构成的基本寄存器逻辑电路，每个触发器的 CP 端并联起来作为控制端。需要存储的数码加到触发器的 D 输入端。4 个触发器的 CP 端接在一起，成为寄存器的控制端，需要存储的数码加到触发器的 D 输入端。

常用的寄存器按能够寄存数据的位数来命名，如 4 位寄存器、8 位寄存器、16 位寄存器等。寄存器按它具备的功能可分为两大类，即数码寄存器和移位寄存器。若按照寄存器内部组成电路所使用晶体管的不同种类来区分，可以分成晶体管 - 晶体管逻辑（TTL）、互补场效应晶体管逻辑（CMOS）等许多种类，目前使用最多的就是 TTL 寄存器和 CMOS 寄存器，它们都是中、小规模的集成电路器件。

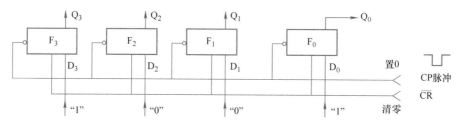

图 6-7　寄存器结构原理

 提示　寄存器容量有限，一般无法存放大容量数据，而且寄存器一般只用于存放中间处理结果，这些数据随时变更，因此要求存取速度快。

数码寄存器是一种最简单的寄存器，它只具有接收数码和清除原有数码的功能。图 6-7 所示为由 4 个 D 触发器组成的 4 位数码寄存器。在该电路中，控制脉冲 CP 直接加到各个触发器的 CP 端，$D_0 \sim D_3$ 为 4 位被存数码，分别接入各触发器的 D 端。当 CP 上升沿时，$Q_3^{n+1} Q_2^{n+1} Q_1^{n+1} Q_0^{n+1} = D_3 D_2 D_1 D_0$。

由于该寄存器寄存数码的同时从各触发器的 D 端输入，又同时从各 Q 端输出，故又称其为并行输入、并行输出（简称并入/并出）数码寄存器。

2. 单向移位寄存器

移位寄存器除了具有寄存数码的功能外，还具有数码移位的功能。单向移位寄存器可以实现存储数码的单向移位。

图 6-8 所示为 4 位右移寄存器，该电路由 4 个 D 触发器构成。若 4 位二进制数码 $A_3 A_2 A_1 A_0 = 1011$。高位在前，低位在后，依次从 A 端串行输入。设移位寄存器初始状态 $Q_3 Q_2 Q_1 Q_0 = 0000$，在移位脉冲（即触发器时钟脉冲 CP）作用下，数码移动情况见表 6-3。图 6-9 所示为 4 位右移寄存器各触发器输出端波形。

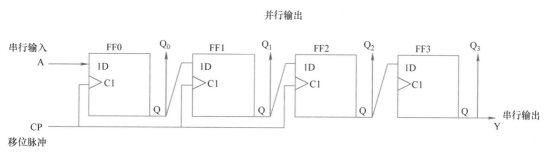

图 6-8　单向移位寄存器

表 6-3 移位寄存器数码移动情况

CP 脉冲	被寄存数码 $A_3A_2A_1A_0=1011$	并行输出				串行输出 $Y=Q_3$	说明
		Q_0	Q_1	Q_2	Q_3		
0	0	0	0	0	0	0	将寄存数码 1011 从高位到低位依次送至 FF_0、FF_1、FF_2、FF_3，经 4 次右移，将被存数码全部存入移位寄存器，$Q_3Q_2Q_1Q_0=1011$
1	1	1	0	0	0	0	
2	0	0	1	0	0	0	
3	1	1	0	1	0	0	
4	1	1	0	0	1	1	

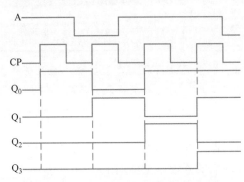

图 6-9 4 位右移寄存器各触发器输出端波形

3. 双向移位寄存器

从实用的角度出发，移位寄存器大都设计成带移位控制端的双向移位寄存器，即在移位控制信号的作用下，电路既可以实现右移又可以实现左移。74LS194 是典型的双向移位寄存器，如图 6-10 所示。

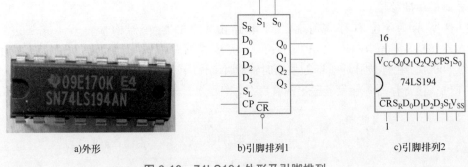

a)外形　　　　　　　　b)引脚排列1　　　　　　　　c)引脚排列2

图 6-10 74LS194 外形及引脚排列

74LS194 是一个 4 位双向移位寄存器，最高时钟脉冲为 36MHz，其中：$D_0 \sim D_1$ 为并行输入端；$Q_0 \sim Q_3$ 为并行输出端；S_R 为右移串行输入端；S_L 为左移串行输入端；S_1、S_0 为操作模式控制端；$\overline{CR}$ 为直接无条件清零端；CP 为时钟脉冲输入端，上升沿有效。74LS194 控制模式及状态输出见表 6-4。

双向移位寄存器 74LS194 有 5 种不同的模式，即并行送数寄存、右移（由 $Q_0 \rightarrow Q_3$）、左移（由 $Q_3 \rightarrow Q_0$）、保持及清零。

表 6-4　74LS194 控制模式及状态输出

输入														功能说明
清零	控制		时钟	串行输入		并行输入				输出				
$\overline{CR}$	S_1	S_0	CP	S_L	S_R	D_0	D_1	D_2	D_3	Q_0	Q_1	Q_2	Q_3	
0	×	×	×	×	×	×	×	×	×	0	0	0	0	异步置 0
1	×	×	0	×	×	×	×	×	×	Q_0	Q_1	Q_2	Q_3	保持
1	1	1	↑	×	×	d_0	d_1	d_2	d_3	d_0	d_1	d_2	d_3	并行送数 S_R、S_L 输入均无效
1	0	1	↑	×	1	×	×	×	×	1	Q_0^n	Q_1^n	Q_2^n	右移
1	0	1	↑	×	0	×	×	×	×	0	Q_0^n	Q_1^n	Q_2^n	
1	1	0	↑	1	×	×	×	×	×	Q_1^n	Q_2^n	Q_3^n	1	左移
1	1	0	↑	0	×	×	×	×	×	Q_1^n	Q_2^n	Q_3^n	0	
1	0	0	×	×	×	×	×	×	×	Q_0^n	Q_1^n	Q_2^n	Q_3^n	保持

4. 移位寄存器的应用

移位寄存器应用很广，可作同步并行移位寄存，也可串行左移、右移；可把串行数据转换为并行数据，也可把并行数据转换为串行数据。

移位寄存器还可用于算术运算，将数码高移（右移）一位相当于乘以 2，低移（左移）-位相当于除以 2。例如，$[0101]_B= [5]_D$，高移一位后为 $[1010]_B= [10]_D$，相当于乘以 2，即 $5 \times 2=10$。

顺序脉冲分配器是移位寄存器的典型应用之一。如图 6-11 所示，将移位寄存器输出端 Q_3 与右移串行输入端 S_R 相连接，就可以进行循环移位。

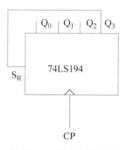

图 6-11　移位寄存器

若初始状态设置为 $Q_0Q_1Q_2Q_3 =1000$，则在时钟脉冲作用下，$Q_0Q_1Q_2Q_3$ 将依次变为 $0100 \rightarrow 0010 \rightarrow 0001 \rightarrow \cdots$，见表 6-5。

表 6-5　移位寄存器真值表

CP	Q_0	Q_1	Q_2	Q_3
0	1	0	0	0
1	0	1	0	0
2	0	0	1	0
3	0	0	0	1

由图 6-12 所示波形可知，该电路可由各个输出端输出在时间上有先后顺序的脉冲，所以称为顺序脉冲分配器。

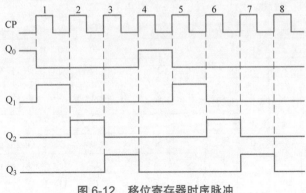

图 6-12　移位寄存器时序脉冲

☞ 任务实施

1）按图 6-13 所示电路进行接线，即可构成循环彩灯控制电路（$Q_0 \sim Q_3$ 可直接与实验箱电平显示输入孔相连接）。通过实验，对电路的工作状态和波形进行验证。

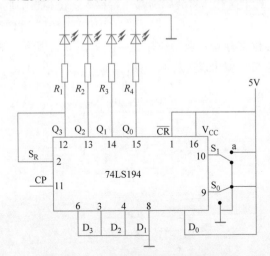

图 6-13　74LS194 循环彩灯控制电路

2）使用电烙铁完成电路的焊接，元器件清单见表 6-6。

表 6-6　74LS194 循环彩灯控制电路元器件清单

元件名	型号	数量	参考图片
移位寄存器	74LS194	1	

（续）

元件名	型号	数量	参考图片
电阻	470Ω	4	
发光二极管		4	
开关		2	
万用板		1	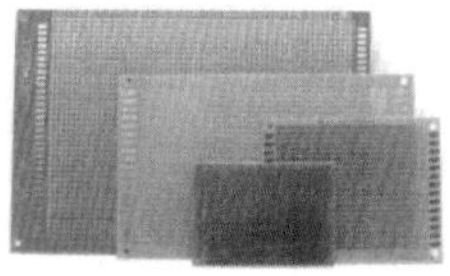

✍️ 任务总结与评价

项目：		班级			
工作任务：		姓名		学号	

任务过程评价（100 分）

序号	项目及技术要求	评分标准	分值	成绩
1	小组合作执行力	分工合理，全员参与，1 人不积极参与扣 5 分	10	
2	极性判别	挡位选择正确，读数正确，极性判别正确	10	
3	掌握所需元器件的识别	正确识别元器件	15	
4	能够掌握寄存器的特点及分类	说出一条得 2 分	10	
5	能够掌握循环彩灯控制电路设计	能够讲出设计思路得 10 分，能够正确设计出电路得 15 分	15	
6	能够完成循环彩灯控制电路的焊接	功能正常完成，焊接规范、美观得 20 分，一处错误扣 2 分，焊接不规范扣 5 分	20	
7	能严格遵守课堂纪律		10	
8	及时完成教师布置的任务		10	
总评		得分		
		教师签字：	年 月 日	

任务 6-4 计数器电路的设计与调试

学习目标

知识目标：

（1）掌握计数器的功能及特点。

（2）掌握计数器的分类及区别。

（3）掌握计数器的工作过程。

能力目标：

（1）能够比较分析不同计数器芯片的特点。

（2）能够正确运用 74LS163 设计计数器电路。

（3）能够搭建任意进制计数器电路。

重点难点：

（1）计数器的功能特点及使用方法。

（2）计数器电路的设计。

任务描述

计数器就是能够实现计数功能的器件。日常生活中实际存在非常多的应用，如水表、电表、里程表、温度计、点钞机等都可看作计数器。而数字电路中的计数器和实际应用中的"计数"还是存在一定差别的。在数字系统中，把用来统计和存储输入 CP 脉冲个数的电路称为计数器。在记录脉冲的基础上进行拓展，可使计数器不仅用于计数，也可用于定时、分频等，是数字仪表、程序控制、计算机等众多数字设备不可缺少的组成部分。

任务分析

在日常生活中大多使用十进制计数，而在计算机应用中还会非常广泛地用到二进制、八进制、十六进制，同样按计数进位数制的不同，计数器可分为二进制计数器、十进制计数器等；按计数增减趋势的不同，计数器可分为加法计数器、减法计数器和可逆计数器；按计数器中触发器的翻转是否同步，计数器可分为同步计数器和异步计数器。计数器电路的设计对于数字电路的学习十分重要，需要根据实际情况设计出符合要求的计数电路。

必备知识

1. 二进制计数器

在时钟脉冲的作用下，各触发器的状态翻转按二进制数码规律计数的逻辑电路称为二进制计数器。

（1）异步加法计数器　每输入一个脉冲，就进行一次加 1 运算的计数器称为加法计数器，也称为递增计数器。图 6-14 所示为用 4 只 JK 触发器构成的 4 位二进制异步加法计数器，它的连接特点是，每个触发器 J、K 端都接 1，成为 T 触发器，再将低位触发器的 Q 端与高位的 C1 端相连接。最低位触发器 FF_0 直接受输入计数脉冲控制，其他触发器则分别受较低位触发器 Q 端输出的负跳变信号控制，因此各个应翻转的触发器状态更新有先有后，故称为异步计数器，也称为串行计数器。

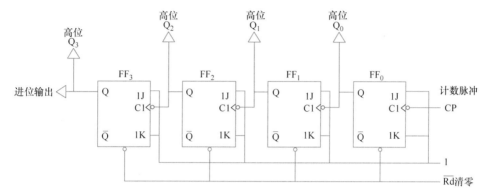

图 6-14　异步加法计数器

计数器工作前先清零，即计数器初始状态为 $Q_3Q_2Q_1Q_0=0000$。

当第一个 CP 脉冲下降沿到来时，FF_0 状态翻转，Q_0 由 0 变 1，其余触发器状态不变，$Q_3Q_2Q_1Q_0=0001$。

当第二个 CP 脉冲下降沿到来时，FF_0 状态翻转，Q_0 由 1 变 0，Q_0 产生的下降沿信号加到 FF_1 的 CP 端，Q_1 由 0 变 1，其余触发器状态不变，$Q_3Q_2Q_1Q_0=0010$。

当第三个 CP 脉冲下降沿到来时，FF_0 状态翻转，Q_0 由 0 变 1，其余触发器状态不变，$Q_3Q_2Q_1Q_0=0011$。

依此类推，当第 15 个 CP 脉冲下降沿到来时，$Q_3Q_2Q_1Q_0=1111$。

当第 16 个 CP 脉冲下降沿到来时 $Q_3Q_2Q_1Q_0=0000$，计数器开始新的计数周期。输入脉冲数与对应的 4 位二进制数见表 6-7，状态图如图 6-15 所示，波形如图 6-16 所示。

表 6-7　计数器真值表

计数脉冲 CP	Q_3	Q_2	Q_1	Q_0	计数脉冲 CP	Q_3	Q_2	Q_1	Q_0
0	0	0	0	0	9	1	0	0	1
1	0	0	0	1	10	1	0	1	0
2	0	0	1	0	11	1	0	1	1
3	0	0	1	1	12	1	1	0	0
4	0	1	0	0	13	1	1	0	1
5	0	1	0	1	14	1	1	1	0
6	0	1	1	0	15	1	1	1	1
7	0	1	1	1	16	0	0	0	0
8	1	0	0	0					

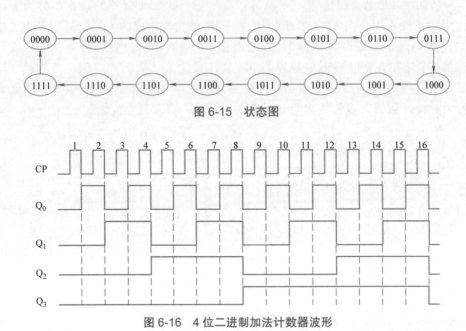

图 6-15　状态图

图 6-16　4 位二进制加法计数器波形

（2）同步加法计数器　为了提高计数速度，将计数脉冲输入端与多个触发器的 C1 端相连，在计数脉冲的作用下，所有应翻转的触发器可以同时动作，这种结构的计数器称为同步计数器，也称为并行计数器。

图 6-17 所示为由 4 个 JK 触发器和两个与门组成的 4 位二进制同步加法计数器。由图可知，各个触发器的输入信号为

$$J_0=K_0=1$$
$$J_1=K_1=Q_0$$
$$J_2=K_2=Q_0Q_1$$
$$J_3=K_3=Q_0Q_1Q_2$$

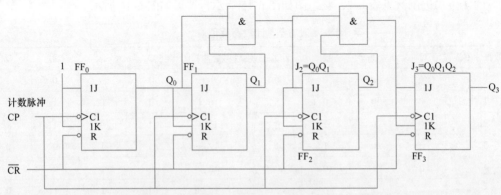

图 6-17　同步加法计数器

各个触发器的状态转换规律如下。

FF_0 每输入一个计数脉冲，状态就翻转一次，FF_1 是在 $Q_0=1$ 时触发翻转，FF_2 是在 Q_0、Q_1

同时为 1 时触发翻转，FF$_3$ 是在 Q$_0$、Q$_1$、Q$_2$ 同时为 1 时触发翻转。

同步 4 位二进制加法计数器的逻辑状态转换图和工作波形与异步二进制加法器完全相同；不同的是同步计数器各触发器的状态更新受同一个计数脉冲 CP 控制，减少了前后级触发器之间的传输时间，提高了工作速度。

（3）异步减法计数器　图 6-18 所示为用 4 只 JK 触发器构成的 4 位二进制减法计数器，电路接法与异步加法计数器相似，不同之处在于加法计数器是将低位触发器的 Q 端接高位触发器的 C1 端，而减法计数器则是将低位触发器的 $\overline{Q}$ 端接高位触发器的 C1 端。

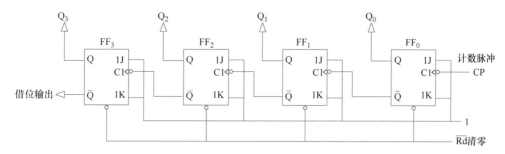

图 6-18　异步减法计数器

✓ 提示　　在同步计数器中，各触发器的时钟端都接到同一时钟脉冲源，在时钟脉冲源 CP 作用下各触发器同时翻转；而在异步计数器中，各触发器的时钟端不是接到同一时钟脉冲源。因此，各触发器不在同一时刻翻转。

异步计数器的电路结构相对比同步计数器简单，但运算速度较慢，而且容易产生误码。例如，异步计数器在由状态 0111 转码为 1000 时，其过程是 0111 → 0110 → 0100 → 0000 → 1000，需要经过 4 个触发器的翻转、延时才能达到，而同步计数器则在同一时刻即可由 0111 转换为 1000。

2. 十进制计数器

十进制是人们熟悉和习惯使用的计数方式，所以十进制计数器的应用十分广泛。十进制有 0~9 这 10 个数码，最常用的 8421BCD 码是取四位二进制编码表示 16 个状态。前 10 个状态 0000~1001 表示 0~9 这 10 个数码，其余 6 种状态为无效状态。当计数器级数到第 9 个脉冲后，若再来一个脉冲，计数器的状态由 1001 → 0000，完成一个循环变化。

十进制加法计数器状态图如图 6-19 所示。

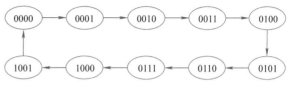

图 6-19　十进制加法计数器状态图

✓ 提示　　目前集成计数器的品种很多，功能完善，实际应用中一般不再需要用触发器自行搭建，而是普遍应用集成计数器。

常见计数器的型号和功能见表 6-8。

表 6-8　常见计数器的型号和功能

型号	名　称	功能	类别
74LS161	4 位二进制同步计数器	异步清零可预置	
74LS163	4 位二进制同步计数器	同步清零	
74LS290	二一五一十进制异步计数器		
74LS162	4 位十进制同步计数器	同步清零	TTL
74LS192	4 位十进制同步可逆计数器		
74LS160	4 位十进制同步计数器	异步清零	
CC4017	十进制计数 / 时序脉冲分配 / 分频器		
CC40192	十进制同步可逆计数器		
CC4518	双十进制同步计数器	有清除，时钟允许	CMOS
CC4060	14 位二进制串行计数 / 分频 / 振荡器		

3. 任意进制（N 进制）计数器

尽管计数器品种极多，但不可能任意进制的计数器都有相应的集成电路。常见的集成计数器产品都是二进制或十进制计数器，利用不同的集成计数器可以通过外加电路构或任意进制计数器，方法主要有两种，即反馈清零法和反馈置数法。

1）反馈清零法。反馈清零法适用于有清零输入端的集成计数器。

试用 4 位二进制同步计数器 74LS163 构成一个十二进制计数器，其主要循环状态图如图 6-20 所示。

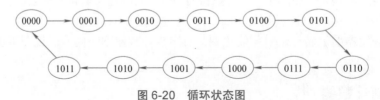

图 6-20　循环状态图

4 位二进制计数器有 16 个状态，十二进制计数器只需 12 个状态，因此必须设法跳过 4 个状态。利用 74LS163 的同步清零功能，当第 12 个脉冲作用时，强行使计数器返回 0000 状态，重新开始新的计数周期，由于 74LS163 的同步置 0 信号为低电平有效。所以，特性方程为

$$\overline{CR} = \overline{Q_3 Q_1 Q_0}$$

> **提示**　74LS163 是 4 位二进制同步计数器，它具有同步清零、同步置数的功能。

74LS163 引脚功能介绍如下：

时钟 CP 和 4 个数据输入端 $P_0 \sim P_3$（也作为 $D_0 \sim D_3$）。清零 $\overline{CR}$（图 6-21 中 *R 在 74LS163 中表示为 $\overline{CR}$ 或 $\overline{MR}$），使能 CEP（EP），置数 $\overline{PE}$（有的称为 $\overline{LD}$），数据输出 $Q_0 \sim Q_3$，进位输出 TC。

当清零端 CR = "0"，计数器输出 Q_3、Q_2、Q_1、Q_0 立即为全 "0"，这时为异步复位功能。

当 CR="1" 且 PE="0" 时，在 CP 信号上升沿作用后，74LS163 输出端 Q_3、Q_2、Q_1、Q_0 的状态分别与并行数据输入端 P_3、P_2、P_1、P_0 的状态一样，为同步置数功能。而只有当 $\overline{CR}$ = $\overline{LD}$ =EP="1" 且 CP 脉冲上升沿作用后，计数器加 1。74LS163 还有一个进位输出端 TC，其逻辑关系式为 TC=$Q_0 \cdot Q_1 \cdot Q_2 \cdot Q_3 \cdot$ EP。合理应用计数器的清零功能和置数功能，一片 74LS163 可以组成十六进制以下的任意进制分频器。

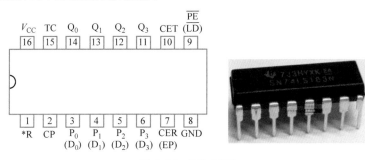

图 6-21　74LS163

十二进制计数器电路连接如图 6-22 所示。

2）反馈置数法。反馈置数法适用于有预置数功能的集成计数器，可方便也实现非零起始的计数循环。例加，将图 6-22 所示电路中与非门输出端改接到同步置数 $\overline{LD}$ 端归 0，如图 6-23 所示，同样能实现十二进制计数。

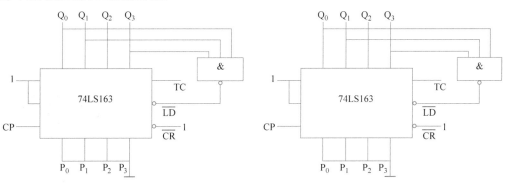

图 6-22　十二进制计数器电路连接　　　　图 6-23　反馈置数法原理

实际上，反馈置数法可在 74LS163 计数循环状态（0000~1111）中的任何一个状态下进行。例如，可将 $Q_3Q_2Q_1Q_0$=1110 状态的信号加到 $\overline{LD}$ 端，把预置数输入端设为 0011 状态，计数值则为 0011~1110 状态，如图 6-24 所示。

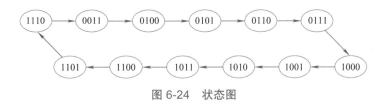

图 6-24　状态图

想一想：如何用 74LS163 构成一个八进制计数器？

任务实施

按图 6-25 所示将 74LS163 电路完成十二进制计数器的焊接。电路元器件清单见表 6-9。

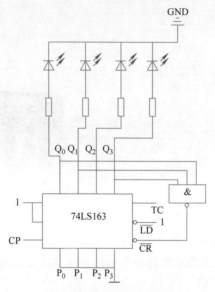

图 6-25   74LS163 电路

表 6-9   74LS163 电路元器件清单

元件名	型号	数量	参考图片
4 位二进制计数器	74LS163	1	
电阻	470Ω	4	
发光二极管		4	
三输入与非门	CD4023	1	
万用板		1	

✍ 任务总结与评价

项目：			班级			
工作任务：			姓名		学号	
任务过程评价（100 分）						
序号	项目及技术要求		评分标准		分值	成绩
1	小组合作执行力		分工合理，全员参与，1 人不积极参与扣 5 分		10	
2	极性判别		挡位选择正确，读数正确，极性判别正确		10	
3	掌握所需元器件的识别		正确识别元器件		15	
4	能够掌握计数器特点及分类		说出一条得 2 分		10	
5	能够掌握 N 进制计数器的设计		能够讲出设计思路得 10 分，能够正确设计出电路得 15 分		15	
6	能够完成十二进制计数器的焊接		功能正常完成，焊接规范、美观得 20 分，一处错误扣 2 分，焊接不规范扣 5 分		20	
7	能严格遵守课堂纪律				10	
8	及时完成教师布置的任务				10	
总评		得分				
		教师签字：			年　月　日	